写真1-1　トム16000形17743

大正期に量産された「観音トム」に材木を積み込んでいるところ。側板が車体に固定されているため、添え木を用いた積載には好都合だが、目的地に着いてからの荷卸しでは苦労したものと思われる。

1951.3　四方津　P：伊藤　昭

はじめに

本書はかつて国鉄に在籍した無蓋車のうち、1907年の鉄道国有化以降、国鉄自らが設計した量産形式について、その発達の系譜を上下２巻に纏めたものである。

上巻では、第一章として無蓋車を理解するための共通知識を取り上げ、第二章はト、第三章はトム、そして第四章はトラ（戦中期まで）を形式ごとに解説する。

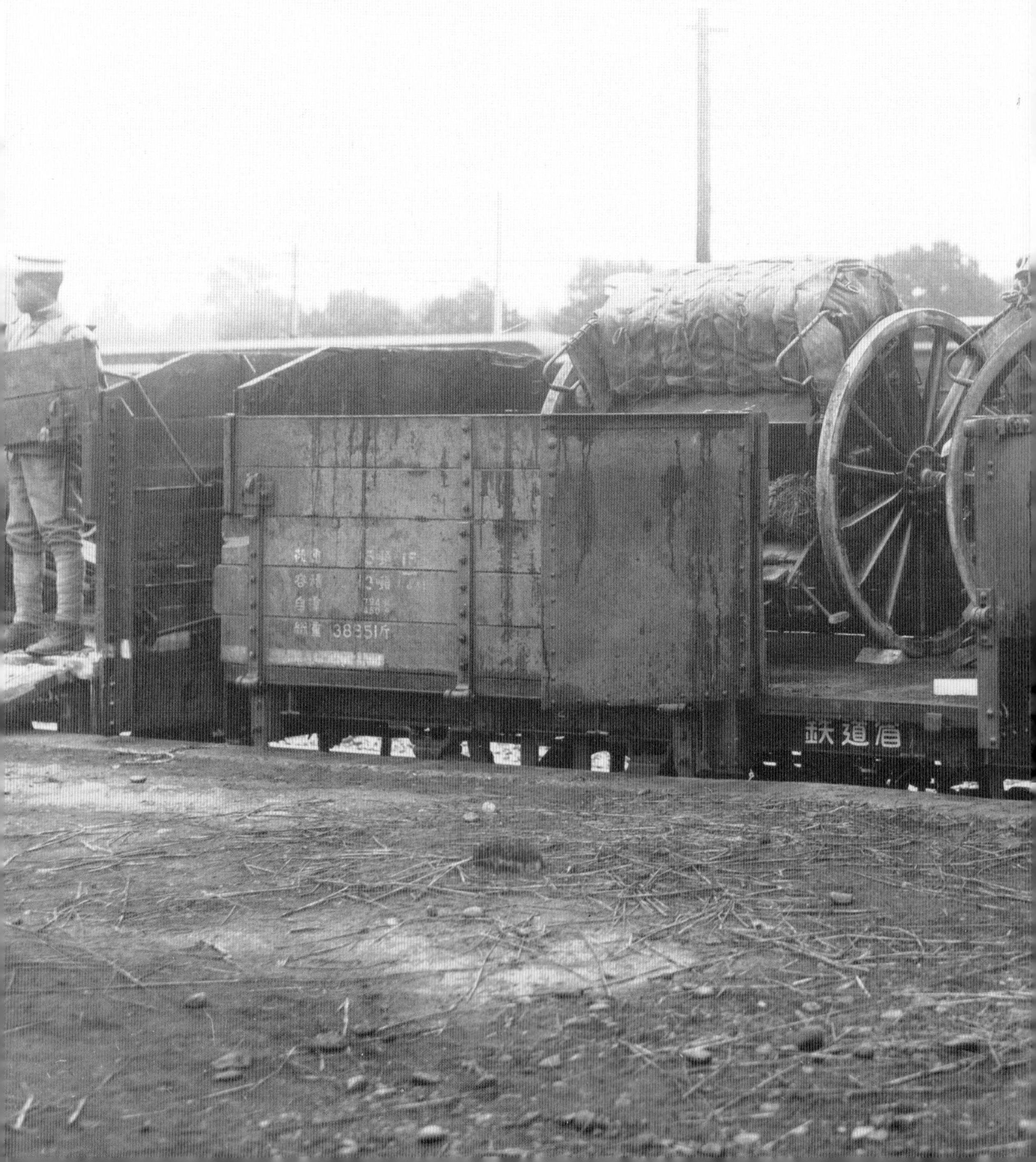

写真1-2　トム16000形の着脱式側板の取付作業
1928年３月の陸軍大演習の終了後に、火砲をトム16000形無蓋車に積み込んでいるところ。
同形式の特徴である取外し式の上部側板を、戸柱と隅柱にあるガイドに嵌め込んでいる。
1928.3　黒沢尻(現・北上)　P：阿部貴幸所蔵

1. 序論

無蓋車の話をする前に、貨車全体に共通する事項、いわば貨車ファンとしてのコモンセンスについて、最初にまとめておこう。

1.1 本書が取上げる範囲

最初に本書(上下2巻)で取り扱う「無蓋車」について説明しておく。

表1-7は1928年5月の「大改番」(1.2参照)以降、国鉄に在籍した無蓋車を以下の5ジャンルに区分したものである。「制式」は1907年の鉄道国有化以降に国有鉄道(以下、「国鉄」と略記する)が設計・量産した形式、「海外」は制式から派生した海外向形式で国鉄で使用されたもの、「継承」は鉄道国有化以前の官鉄・私鉄からの引継車、「買収」は買収私鉄からの引継車、「物適」は物資別適合貨車の略で特定積荷用の無蓋車である。

本書では紙幅の制約もあり、この中で「継承」、「制式」そして「海外」について解説することにした。これは国鉄無蓋車の発達の過程を把握し易くするためである。

1.2 「大改番」とは

1928年5月に達示された車両称号規程の改正のことで、初めて「ムラサキ」の荷重記号を導入したことで有名。新旧番号の対照表は3月に配布され、11月までの間は10ページの写真2-2のように、旧番号の右下に新番号を括弧付で併記し、11月以降に新番号に書換えた。

1.3 荷重の標記

無蓋車の荷重標記は時代により異なるため、ここではその変遷について説明する。

●鉄道国有化から「大改番」を経て1929年3月まで

貨車には「大なる荷重」、「小なる荷重」、そして「石炭荷重」の3つを併記し、単位は「噸」(英トンで、1噸は1.016メートルトン)であった。

「大なる荷重」はいわゆる荷重のことで、建設規程の制限や貨車構造上の負担力により決定される。

「小なる荷重」は軽量のため容積で積載重量が制限される貨物に用いる荷重で、貨車の容積(立法フィート)を1/100にしたもの。単位は「噸」で表し、およそ「大なる荷重」の8割である。

「石炭荷重」は石炭を満載した時の荷重で、床面積(平方フィート)×(床面より側板上面までの高さ+0.5(フィート)を42で割り、端数75以上は切り上げ、未満は切り捨てた数字を「噸」で示す。

また当時特有のものに単位「斤」(尺貫法の質量で600g)を用いた「総重」(=総重量)と「自重」の標記があった。これは商取引上、貨車を風袋として扱うためである。

●1929年3月の改正 (メートル法の採用)

単位としてメートル法を採用した。

「大なる荷重」は「瓲」(メートルトン)で表す。

「小なる荷重」は床面積(m^2)×貨物積載高(m)÷2.83で求めた値とした。

貨物積載高は床板上面から側板上面までが高さ600mm以下の貨車は1.8m、600mm以上1m未満は2.1m、1mを超える貨車は2.4mと定めた。

「石炭荷重」は石炭の平均比重を0.85とし、床面積(m^2)×(側板の高さ+0.15)(m)÷1.18で求めた値とした。

また単位「斤」を用いた標記は廃止した。

●1940年2月の改正 (「小なる荷重」の廃止)

「小なる荷重」の標記を廃止し、従来の「大なる荷重」を「荷重」として、「石炭荷重」との2本立てとした。

なお運賃制度上の取扱いはこれと異なるため、混同しないよう注意を要する。

●1957年10月の改正 (「瓲」→「t」)

計量管理規程の実施に伴い、荷重や自重の「瓲」の文字を「t」に改めた。

この後も無蓋車に関しては、「コトラ」に代表される複数荷重制度による荷重の取扱いがあるが、主な対象形式が下巻掲載のため、下巻で解説する。

1.4 国鉄貨車の海外供出

海外供出と言えば泰緬鉄道のC56形SLが有名だが、貨車の供出はこれより古く、1937年7月の盧溝橋事変に端を発した「車両供出命令」で1938~1939年4月の短期間に表1-1に示す4,661両の貨車が中国大陸に供出された。

供出貨車の大半は大正期に長軸付で製作されたワム3500・トム5000形、後者を長物車に改造したチム5000形(22ページ図3-2)であった。改造では広軌化設計を活用し、工場ではブレーキ装置の改造に留め、船積み直前に広軌用輪軸と交換した。太平洋戦争の開戦後は泰緬鉄道や海南島にも貨車を供出したことから、1944年時点での供出貨車数は5,696両に達している。

1.5　戦時増積

太平洋戦争の開戦で緊急の輸送力増強が必要となったため、貨車に手を加えずに荷重だけを増すことが行われた。これが世に言う「戦時増積」である。

●第一次の増積

開戦直後の1941年12月22日に告示されたもので、無蓋車は表1-2に示す4形式が対象で荷重と積載高さを改訂、貨車には識別符号「ロ(ろ)」を形式記号の前に標記した。符号の位置と寸法は図1-1をご覧頂きたい。

●第二次の増積

更なる輸送力増強のため1943年5月15日から実施した増積で、対象を表1-3に示す形式に拡大し、第一次で増積した形式についても増積トン数を見直した。

●第二次以降の追加形式

その後登場した形式は、トキ10形は荷重35トンを40トンに増積する旨達示されたが、トキ900形は落成時から増積分を含んだ荷重で製作されている。

●増積の廃止

増積は1946年3月1日に廃止となり、荷重と積載高さは旧来の値に戻され、標記も抹消された。

1.6　私鉄買収車の運用制限

日中戦争の本格化で軍事上重要な私鉄は国家管理とするため、国鉄による私鉄買収が盛んとなった。

私鉄買収車には小型/旧式で共通運用が出来ない車両もあり、これらは改番せずに元の線区内に限って使用を認めたが、戦争の拡大で貨車不足が深刻化すると本来では運転出来ない線区で発見される例が増えたため、現車に運用制限車の標記を施すことになった。

●運用制限車の定義とその標記

1944年11月に、運用制限車を識別する標記が定められた。図1-2にその標記を示す。

運用制限車の定義は軸距3m以下、自重5.5トン以下の小型車で、台枠が鋼木合造のものや、制動管や留

表1-1　海外供出された貨車の形式別両数(1939年4月まで)

軌間	1,435mm		1,000mm	備考
形式	北支	中支	山西	
ワム3500	1,255	1,120	170	
ワム21000	5		4	
ワキ1	3		3	
ワフ21000	1			
スム1	100	40	60	
トム5000	800	660	160	
トラ1		18		
チム5000	50	200		形式図は22ページに掲載
チキ300		12		
小計	2,214	2,050	397	
合計	4,661			

写真1-3　船積された供出貨車　P：吉岡心平所蔵

表1-2　第一次増積の対象形式(無蓋車のみ)

形式	旧		新		符号
	荷重	積載高さ	荷重	積載高さ	
ト20000	10	1.8	12	2.1	ロ
トム11000、19000、50000	15	2.1	17	2.3	

注：荷重の単位はｔ、積載高さはm

表1-3　第二次増積の対象形式(無蓋車のみ)

形式	旧			新			符号
	荷重	石炭荷重	積載高さ	荷重	石炭荷重	積載高さ	
ト1、3750、4000、4300、10200	10	8	2.1	12	8	2.3	ロ
ト3600	9	7	〃	〃	7	〃	ハ
ト4500、10000、11400	10	〃	〃	〃	〃	〃	ロ
ト4700、6000	〃	8，9	〃	〃	8，9	〃	〃
ト10300、11000	〃	10	〃	〃	10	〃	〃
ト10800	〃	9	〃	〃	9	〃	〃
ト11500	12	8	〃	14	8	〃	〃
ト13600	〃	9〜11	〃	〃	9〜11	〃	〃
ト20000	10	8	1.8	13	9	2.1	ハ
トム1、5000、16000	15	15	2.4	17	16	2.4	ロ
トム11000、19000、50000	〃	〃	2.1	18	〃	2.3	ハ
トラ1、4000、5000、6000	17	17	〃	〃	18	2.1	イ
トラ20000	〃	〃	〃	〃	17	2.3	〃

注：荷重と石炭荷重の単位はｔ、積載高さはm

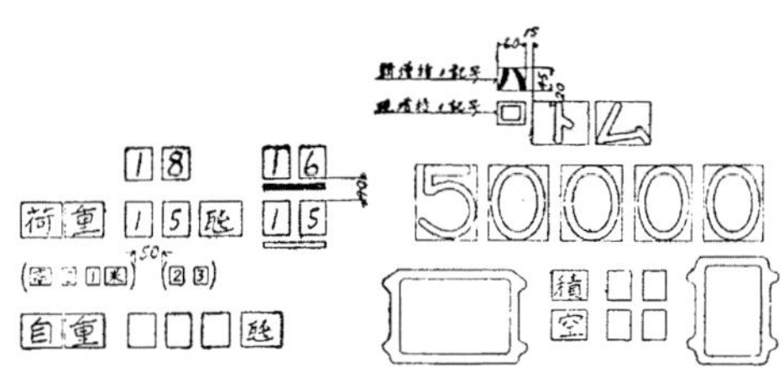

図1-1　増積記号の標記

1943年4月の鉄道公報に掲載された図。第二次増積の際、既に第一次増積を受けていた車両の荷重を変更する場合の例。

置ブレーキの不備など国鉄貨車では既に淘汰されているものを対象とした。

●運用制限車の実態

表1-8に国鉄無蓋車のうち、私鉄買収車で国鉄形式に改番されずに運用制限車となったものと、樺太地区に配置されていた車両をまとめた。前者は荷重10トン以下の小型車で、1947年度に実施された第一次特別廃車で淘汰された。後者は特殊な例だが、本土とは隔絶していたため樺太庁時代の標記がそのまま用いられ、敗戦により喪失、除籍されている。

1.7 戦災貨車の復旧と復元

1944年６月に始まった本土空襲は同年11月以降本格化し、貨車も表1-4に示す9,557両が被災、このうち2,283両が廃車となった。

●被災貨車の分類

表1-4で「全焼」と「半焼」に分類された4,888両は都市部の焼夷弾攻撃による焼失車で、台枠以下や車体の鋼製部、タンク体などは再利用可能で約3/4は復旧された。一方、製油所や軍需工場への攻撃では爆弾が使用されたため、「大破」は約８割が廃車となった。「海没」とは連絡船と運命を共にした貨車である。

●戦災貨車の復旧

戦災車の復旧は被災前形式への復元を原則としたが、時局の推移により方針はたびたび変更された。

●1944年10月の復旧方針

戦災復旧方針を初めて明文化したもので、本格的な本土爆撃の開始前に制定された点が特徴。

特徴は被災有蓋車を無蓋車に復旧する点にあり、表1-5に被災有蓋車と復旧無蓋車の形式対照を示す。事前に図面を用意した周到な計画だったが、実際に改造されたのは各形式が数両ずつであった。

●1945年７月の復旧方針（応急復旧車の登場）

敗戦一月前の改訂で、「応急修繕」として簡易的な復旧を指示したもの。

鋼製車体のワ、ワム、スムは無蓋車代用とするため、屋根は木板で覆うが内張りと屋根布張りを省略した。識別記号は「サ」で戦時増積符号の前に追加し、現車には「サ$^{\square}$ワム」の様に標記した。木製車体のワムは無蓋車代用として屋根は素通しのままで、周囲に高さ

図1-2 運用制限車の標記
1944年11月の公報に掲載された図。
「H」を記号としたのは、左の縦棒が運用区間の「ここから」で、右の縦棒が「ここまで」を表す意味を込めたとされる。

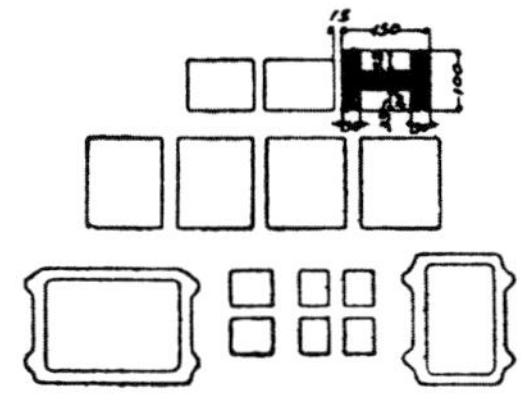

１mまで木板を張り、荷役には従来の引戸を用いた。復旧後はトワムと称した。無蓋車は長物車に簡易復旧し、側面に柵柱４本を追加してチトムとなった。

これら応急復旧車は1947年の調査ではサワ94、サワム132、サスム27、トワム156、その他60両の合計469両があった。

●戦災車と応急復旧車の復元

敗戦後は国鉄工場の能力が低下したため、戦災車の復元まで手が回らなかった。一方不足した修繕能力を補完するため、国鉄では1946年度から表1-6に示す国鉄外の工場に修繕を外注、1946年度1,287両、1947年度約4,000両の実績を上げた。そこで1948年度には外注工事で応急復旧車を含む戦災車の復元に着手することになり、1950年度までに約2,000両（推定）が復元されている。

表1-4 被災貨車の分類（全車種）

分類	被災両数	廃車両数
全焼	3,439	1,125
半焼	1,449	8
大破	1,066	841
中破	974	6
小破	2,326	0
海没	303	303
合計	9,557	2,283

表1-5 戦災有蓋車を復旧した無蓋車形式

被災形式	復旧形式
ワ22000	ト32000
ワム3500	トム25000^{初代}
スム１	トム27000
ワム21000	トム28000
ワム23000	トム29000
ワム50000	トム30000

表1-6 貨車修繕を行った国鉄外の工場（1948年時点）

会社名	能力	会社名	能力	会社名	能力
富士産業（宇都宮）	45	日立造船	15	帝国車両	30
日本鋼管	40	日興工業	〃	川崎車両	40
日国工業	〃	富士産業（半田）	40	カテツ車両（大阪）	10
日車支店	30	日車本店	60	水野造船	35
汽車東京	〃	鉄道車両（福井）	6	日立笠戸	60
関東工業	8	東洋レーヨン	60	若松車両	45
鉄道車両（東京）	40	飯野産業	85	九州車両	20
小島鉄工	15	富士車両	55	川南造船	30
運輸機材	10	木南車両	40	新潟鉄工	50
カテツ車両	20	木鉄車両	15	鉄道車両（長野）	10
横河橋梁	15	近畿車両	30	福島製作所	30

注：能力は1948年度の一月当り貨車修繕両数を示す。

表1-7　国鉄無蓋車の分類

分類	形式	番号				両数	荷重			軸配置	在籍年度	記事
		継承	制式	買収	戦災/海外		大	小	石炭			
継承、制式、買収	ト1 初代	1…2613	15000～16362, 16400～17046	2614…2920		4,877	10	8	7	2A	大改番～1959	制式はト11500、13600改造、芸備
制式	ト1 二代		1…7380			6,960	〃	—	10	〃	1952～1983	ト20000改造
買収	ト3300			3300～3465		166	〃	—	8	〃	1937～1950	信濃、豊川、小倉、播但、三信、小野田セメント(私有)、伊那、(樺太)
継承、買収	ト3600	3600～3625		3626～3628		29	〃	8	9	〃	大改番～1959	秋田
〃	ト3750	3750…3853		3854～3864		113	〃	10	8	〃	大改番～1952	南武、宮城、南海
〃	ト4000	4000～4189		4190, 4191		192	〃	8	〃	〃	大改番～1959	旧トチ、飯山
継承	ト4300	4300～4353				54	〃	〃	〃	〃	大改番～1948	
〃	ト4500	4500～4567				68	〃	9	7	〃	大改番～1950	
継承、買収	ト4700	4700～4764		4767～4874		175	〃	〃	8	〃	大改番～1959	穣上、北九州、白棚
〃	ト4900	4900…5414		5415～5473		566	〃	8	7	〃	大改番～1959	小倉、宮城、西日本
〃	ト6000	6000…8882		8883～8932	8933, 8934	2,833	〃	〃	9	〃	大改番～1959	ワ1復旧
買収	ト9500			9500～9608		109	12	—	11	〃	1944～1950	青梅
〃	ト9700			9700～9719		20	〃	—	〃	〃	〃	〃
継承	ト9800 初代	9800～9827				28	?	?	?	〃	大改番～1932	
買収	ト9800 二代			9800～9804		5	12	—	12	〃	1944～1949	青梅
継承	ト9900	9900～9913				14	10	9	9	〃	大改番～1947	旧トチ
〃	ト10000	10000～10073				74	〃	8	7	〃	大改番～1948	
買収	ト10100			10100～10119		20	〃	—	?	〃	1943～1952	伊那
継承	ト10200	10200～10222				23	〃	8	8	〃	大改番～1946	
継承、買収	ト10300	10300…10490		10491～10505		203	〃	〃	10	〃	大改番～1959	西日本
継承	ト10800	10800～10828				29	〃	9	9	〃	大改番～1947	
継承、買収	ト11000	11000～11165		11166～11186		187	〃	〃	10	〃	大改番～1950	芸備、播但、西日本
継承	ト11400	11400…11405				4	〃	〃	?	〃	大改番～1943	
買収	ト11450			11450～11464		15	12	—	9	〃	1937～1947	信濃、小野田
制式	ト11500		11500…13130			1,623	〃	9	8	〃	大改番～1950	
制式、買収	ト13600		13600～14016	14017～14080		481	〃	〃	10	〃	〃	佐久、宇部、播但
買収、戦災	ト14300			14300～14304	14305	6	13	—	11	〃	1937～1950	芸備、ワフ25000復旧
買収	ト14500			14500～14564		65	〃	12	10	〃	1933～1959	〃
〃	ト14600			14600～14604		5	12	—	?	〃	1943～1950	小倉
〃	ト14700			14700～14738		39	〃	—	?	〃	〃	小倉、北海道、胆振
〃	ト14800			14800～14819		20	10	—	?	〃	1943～1952	小倉
制式、買収	ト20000		20000～27376	27377～27279		7,380	〃	8	8	〃	1933～1959	富山
買収	ト30000			30000～30050		51	〃	—	〃	〃	1943～1950	豊川、三信、伊那、宮城
戦災	ト32000				32000	1	〃	—	〃	〃	1945～1950	ワ22000復旧
制式、買収	トム1		1…2029	2030…2525		2,347	15	13	15	〃	大改番～1985	芸備、北九州
戦災	トム3400				3400, 3401	2	〃	—	〃	〃	1945～1950	ワム1復旧
海外	トム4500				4500～4549	50	〃	—	〃	〃	1945～1970	台湾向
制式、買収	トム5000		5000…10118	10119…10346		5,119	〃	13	〃	〃	大改番～1985	トフ250、300改造あり
〃	トム11000		11000～12730	12731…12759		1,731	〃	〃	〃	〃	1939～1985	鶴見
買収	トム13000			13000～13009		10	〃	—	?	〃	1943～1959	鶴見
〃	トム13100			13100～13136		37	〃	—	10	〃	1943～1950	三信、南武、宮城
〃	トム13200			13200…13208		8	〃	—	15	〃	1944～1950	南武
〃	トム13300			13300～13308		9	〃	—	?	〃	〃	〃
〃	トム13400			13400～13431		32	〃	—	12	〃	〃	青梅
〃	トム13500			13500…13643		141	〃	—	?	〃	1944～1953	相模
制式	トム16000		16000…17792			1,785	〃	13	15	〃	大改番～1968	トム1編入あり
買収	トム18000			18000～18009		10	〃	〃	〃	〃	1933～1943	芸備、新潟
〃	トム18100			18100～18104		5	〃	—	〃	〃	1941～1950	新潟
〃	トム18200			18200, 18201		2	〃	—	〃	〃	〃	〃
制式、買収	トム19000		19000…24691	24692～24721		4,001	〃	13	〃	〃	1938～1955	富山、胆振
制式	トム25000		25000～25099			100	〃	—	〃	〃	1956～1970	トラ20000改造
戦災	トム27000				27000～27003	4	〃	—	〃	〃	1945～1950	スム1復旧
〃	トム28000				28000	1	〃	—	〃	〃	1945～1948	ワム20000復旧
〃	トム29000				29000…29004	2	〃	—	〃	〃	1945～1950	ワム23000復旧
制式	トム39000		39000…49944			3,874	〃	—	〃	〃	1949～1970	トム19000改造
制式、買収	トム50000		50000…56789	56790…57290		6,807	〃	—	〃	〃	1940～1985	小倉、相模、トラ20000復元
制式	トム60000		60000～60599			600	〃	—	〃	〃	1956～1985	
〃	トム150000		150120…156837			946	〃	—	〃	〃	1968～1985	トム50000改番、㊐車

分類	形式	番号					両数	荷重			軸配置	在籍年度	記事
		継承	制式	買収	戦災/海外	物適		大	小	石炭			
制式、買収	トラ1		1~3400	3401~3429			3,425	17	15	17	2A	大改番~1983	鶴見、南海
物適	トラ90					90	1	15/17	–	–	〃	1969~1974	トラ35000改造、屋根付
海外	トラ3500				3500~3539		40	17	–	17	〃	1942~1954	樺太
制式、買収	トラ4000		4000~4749	4750~4760			760	〃	–	〃	〃	1938~1983	南海
制式	トラ5000		5000~5149				150	〃	–	〃	〃	1940~1953	
〃	トラ6000		6000…9241, 9320~9526, 10000…12782, 15000…15430				6,649	〃	–	〃	〃	1941~1983	トキ66000復元
〃	トラ16000		16047…115273				746	〃	–	〃	〃	1968~1985	トラ6000改番、㋺
〃	トラ20000		20000~20299, 20300…20937, 21000~22730, 40000~47290				8,728	〃	–	〃	〃	1942~1959	トム11000、50000改造
〃	トラ23000		23000…23344				331	15/17	–	–	〃	1956~1983	コトラ
〃	トラ25000		25000~25499				500	〃	–	–	〃	1957~1985	
〃	トラ30000		30000~32199				2,200	17	–	17	〃	1955~1984	
〃	トラ35000		35000~37657				2,658	15/17	–	–	〃	1956~1985	コトラ
〃	トラ40000		40000~43269				3,270	〃	–	–	〃	1960~1985	〃
物適	トラ43500					43500~43510	11	17	–	–	〃	1968~1983	トラ45000改造、鋼板
〃	トラ43600					43600~43603	4	〃	–	–	〃	1969~1973	トラ40000改造、鋼管
制式	トラ45000		45000~53183, 旧番号+100,000				8,184	15/17	–	–	〃	1961~	コトラ
〃	トラ55000		55000~55004, 55010~55069, 55100~58239				3,205	15/18	–	–	〃	1962~1986	ストラ
〃	トラ70000		70000~75099				5,100	17	–	17	〃	1967~2003	
物適	トラ90000					90000~90196, 90300~92536, 99000, 99001	2,426	15/17	–	–	〃	1964~2002	コトラ、トラ23000, 35000改造 木材チップ
〃	トラ190000					190000~190196	197	〃	–	–	〃	1968~1974	トラ90000改番、㋺
制式	トサ1[初代]		1~50				50	24	–	24	3A	大改番~1931	
買収	トサ1[二代]			1~10			10	〃	–	?	〃	1944~1950	青梅
〃	トサ100			100~129			30	22	–	?	〃	1944~敗戦	(樺太)トサ1800改番
〃	トサ200			200~209			10	〃	–	?	〃	〃	(樺太)トサ1850改番
継承	トキ1	1~5					5	25	16	15	2AB	大改番~1949	
買収	トキ5			5			1	〃	–	?	〃	1943~1947	小倉
制式	トキ10		10~159				150	35	–	30	〃	1943~1970	
〃	トキ900		900…13458				8,202	30	–	〃	3A	1943~1959	
物適	トキ1000					1000~1004	5	42	–	–	2AB	1969~1983	鉄鋼
〃	トキ9000					9000	1	43	–	–	〃	1968~1971	〃
制式	トキ15000		15000~20616				5,617	35	–	30	〃	1948~1986	
物適	トキ21000					21000~21023	24	33	–	–	〃	1968~1983	トキ15000改造、鉄鋼
〃	トキ21100					21100~21143	44	35	–	–	〃	1968~1986	〃
〃	トキ21200					21200~21209	10	30	–	–	〃	1969~1984	〃
〃	トキ21300					21300~21306	7	35	–	–	〃	1969~1982	トキ15000改造、アルミ
〃	トキ21400					21400~21407	8	34	–	–	〃	1968~1984	トキ15000改造、鉄鋼
〃	トキ21500					21500~21530	31	33	–	–	〃	1968~2007	〃
〃	トキ22000					22000, 22001	2	32	–	–	〃	1968~1982	トキ15000改造、板ガラス
〃	トキ23000					23000~23049	45	35	–	–	〃	1970~1986	トキ25000改造、鋼板
〃	トキ23600					23600~23627	28	〃	–	–	〃	1971~1984	トキ15000改造、亜鉛鉱
〃	トキ23800					23800~23849	50	〃	–	–	〃	1971~1983	トキ25000改造、木材
〃	トキ23900					23900~23929	30	〃	–	–	〃	1979~1995	トキ25000改造、亜鉛
制式	トキ25000		25000~29499				4,500	36	–	–	〃	1966~	
〃	トキ66000		66007…69526				476	28	–	28	3A	1943~1954	トラ6000改造

注：軽便線用及び私有貨車は除く。両数欄の「…」は空白を含むもの。荷重は車両により異なる場合もある。「買収」の番号範囲は２車現存車の改番、他形式からの編入を含む。

表1-8　国鉄無蓋車(私鉄買収車中の運用制限車/樺太地区)

形式	番号	両数	荷重	備考
ト1	1~10	10	8	芸備
ト2	3, 4	2	5	阿波
ト3	3~7	5	10	産業セメント
ト4	6~9	4	7	阿波
ト18	18~21	4	〃	中国
ト50	50	1	6	信濃
ト50	50, 51	2	7	中国
ト51	51~78	28	9	新宮
ト85	85~88	4	7	富士
ト90	90	1	〃	〃
ト101	101~103	3	10	阿南
ト111	111, 112	2	7	〃
ト200	200~205	6	8	北九州
ト200	201, 202	2	10	宇部

形式	番号	両数	荷重	備考
ト213	213	1	7	北九州
ト251	251, 252	2	8	芸備
ト380	380~402	23	9	樺太
ト410	411, 412, 415~419	7	6	播但
ト420	420~446	27	9	樺太
ト2801	2801	1	10	鶴見
ト3000	3000	1	8	北海道
ト3010	3010, 3011	2	9	〃
ト3020	3020, 3021	2	8	〃
ト3030	3030	1	〃	〃
ト3040	3041~3043	3	9	〃
ト3600	3600	1	10	〃
ト3700	3700	1	9	〃
ト3800	3800	1	〃	〃

形式	番号	両数	荷重	備考
トコ2000	2000~2028	29	10	樺太
トコ2000	2050~2104	55	〃	恵須取
トコ2100	2100~2169	70	〃	樺太
トム2200	2200…2229	29	15	〃
トム2300	2300~2424	125	〃	〃
トム2700	2700~2729	30	〃	〃
トム2750	2750~2825	76	〃	〃
トム2750	2751~2760	10	〃	恵須取
トサ1800	1800~1829	30	20	樺太
トサ1850	1850~1859	10	〃	〃
フト500	500~506	7	9	〃
フトコ2500	2500~2509	10	10	〃
フトム2600	2600~2604	5	15	〃
フトラ3000	3001~3019	19	18	〃
トチサ1500	1500~1589	90	20	〃

注：本表は私鉄買収車のうち未改番で使用されていた車両を示す。樺太地区とは「樺太」と「恵須取」を示す。

2．ト

「ト」は荷重13トン以下の無蓋車で、国鉄には表1-7と1-8に示す67形式が在籍した。本書ではこのうち継承17形式と制式４形式を解説する。

2.1　ト１初代形

車体は３枚側で側面全体がアオリ戸、荷重が大10/小８/石炭７トンで容積7.0m^{3}の車両をまとめたもの。

「大改番」では１…2728の2630両が多数のフト、トから改番され、その後２車現存車の改番や私鉄買収車の編入が約300両あった。

また15000…16799は1932～1933年度にト11500と13600形12トン車を減トン改造して編入した車両である。

戦前期のトの代表形式で、側面全体が開くため木材輸送に適していた。1945年度末では3,305両が生存していたが車両全体の疲弊が著しく、1947年と1950年の２回の特別廃車で急減、実質的に形式消滅した。

写真2-1
ト１初代形598
大改番でト13782M44形13884を改番したもの。元々は官鉄の７トン積標準無蓋車として明治30年代に量産された形式であったが、増トン改造による車軸変更と自動連結器化に伴う台枠改造、そして空気ブレーキの装備で下回りは一新されている。
P：レイルロード所蔵

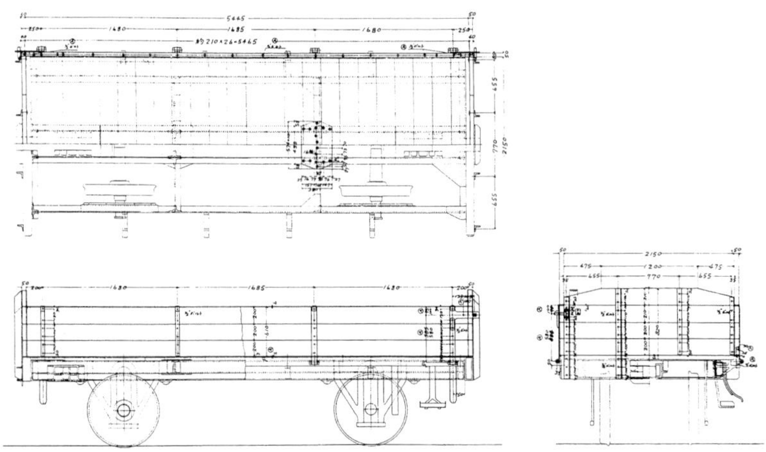

図2-1
ト１初代形15000番代
（ト11500形改造車）の組立図
図番はVB0111で作図は1932年9月。

表2-1　ト１初代…9900形の両数変遷

形式	年度末両数																						
	1929	1930	1931	1932	1933	1934	1935	1936	1937	1938	1939	1940	1941	1942	1944	1945	1947	1948	1949	1950	1951	1952	1953～8	1959
ト１初代	2630	2608	2501	3684	3902	3780	3598	3565	3464	3440	3405	3394	3284	3259	3362	3305	518	450	408	13	13	11	11	0
ト3600	25	25	25	25	23	26	24	24	23	23	21	21	21	21	4	4	3	1	1	1	1	1	1	0
ト3750	97	97	94	88	81	77	63	50	49	48	46	45	45	45	56	56	9	5	5	0				
ト4000	189	189	182	179	171	167	148	124	119	116	110	110	109	109	111	107	15	16	12	1	1	1	1	0
ト4300	52	52	17	4	4	2	2	2	2	1	1	1	1	1	1	1	1	0						
ト4500	67	66	66	66	63	63	63	63	62	62	62	62	62	62	62	62	13	7	6	0				
ト4700	66	66	66	65	63	150	148	141	143	142	140	140	151	151	151	150	40	16	14	3	2	2	1	0
ト4900	493	420	405	388	362	350	329	313	305	301	298	298	296	295	346	340	63	39	36	3	3	3	3	0
ト6000	2549	2501	1788	1659	1625	1602	1559	1528	1499	1486	1482	1481	1494	1490	1486	1474	304	205	170	11	11	10	11	0
ト9800初代	28	28	5	0																				
ト9900	14	14	14	14	14	14	14	14	14	14	14	14	14	14	2	2	0							

2.2　ト 3600 形

車体は４枚側で側面全体がアオリ戸、荷重は大９（一部10）/小８/石炭９トン、容積6.6～8.2m^{3}とト１^{初代}形よりアオリ戸が高く、石炭荷重が大きい。

「大改番」では3600～3625の26両がトチ455、ト9260$^{\text{M44}}$形から改番され、1934年に私鉄買収車が3626～3628に編入された。

1943年度に供出する形式に指定されたため急減し、1945年度末では４両が残っていたが1948年度に実質的に形式消滅した。

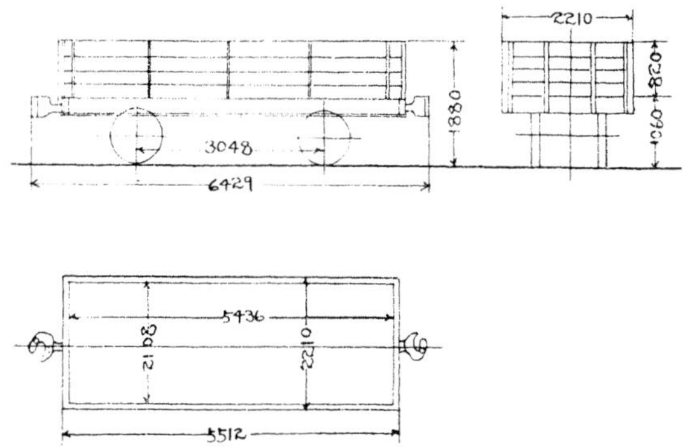

図2-2　ト3600形の形式図　　貨車形式図1929年版

2.3　ト 3750 形

車体はト１^{初代}形と似た３枚側総アオリ戸式だが、北海道で石炭輸送に用いるため車体幅が約300mm広く容積が約１割大きい。荷重は大10/小10/石炭８トン、容積8.0m^{3}である。

「大改番」では3750…3853の97両がフト7937、ト18721$^{\text{M44}}$形など14形式から改番された。

北海道内で使用され、1945年度末でも56両が残っていたが、1950年度の特別廃車で形式消滅した。

写真2-2　フト7937$^{\text{M44}}$形7937(後のト3750)　　P：吉岡心平所蔵
改番途中の撮影のため番号の右下に新番号(3750)が見える。

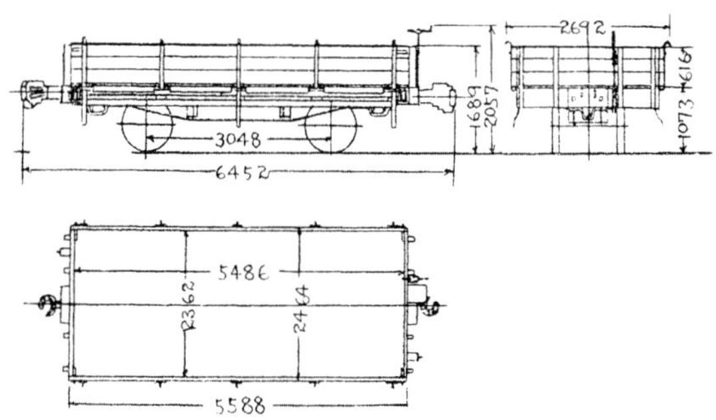

図2-3　ト3750形の形式図　　貨車形式図1929年版

2.4　ト 4000 形

トチ20200$^{\text{M44}}$形は北海道で木材輸送に使用するため、1919年国鉄工場でト10036$^{\text{M44}}$形を改造して柵柱８本を追加したもので、車体はト3750形と似た３枚側総アオリ戸式だが柵柱の分だけ車体幅が狭い。荷重は大10/小８/石炭８トンで容積7.6m^{3}である。

「大改番」では4000～4189の190両がトチ20200$^{\text{M44}}$形から改番された。

改番後も北海道内で使用され、1945年度末でも107両が残存していたが、1950年度の特別廃車で実質的に形式消滅した。

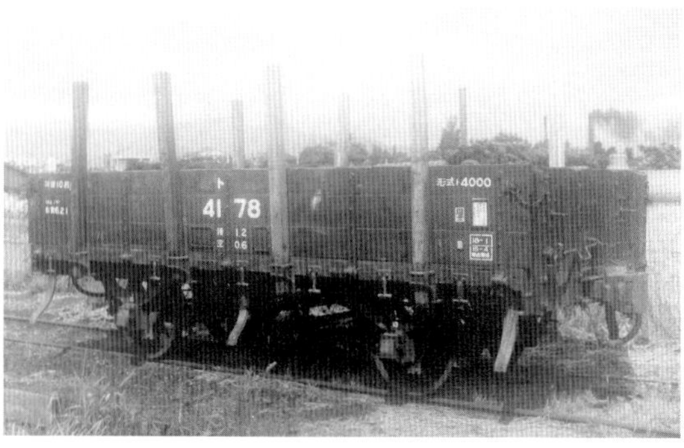

写真2-3　ト4000形4178　　P：吉岡心平所蔵

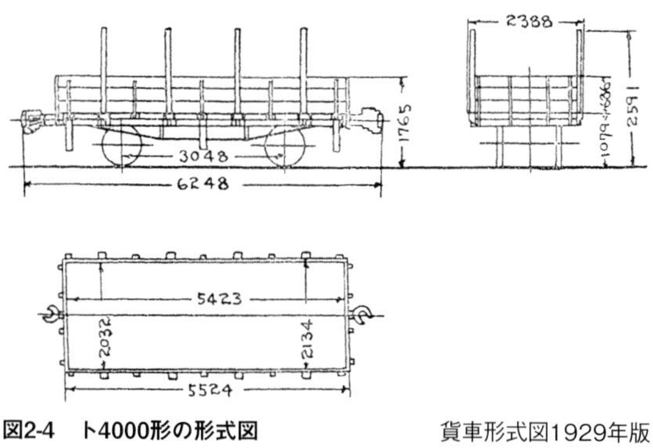

図2-4　ト4000形の形式図　　貨車形式図1929年版

2.5 ト4300形

車体は３枚側で側面全体がアオリ戸、荷重は大10/小８/石炭８トンで容積7.8m^{3}である。

「大改番」では4300…4353の52両がト10024と10080$^{\mathrm{M44}}$形から改番された。

北海道内の配置車でト3750形と似ているが、台枠が未改造だったため1931年度に大半が淘汰され、1938年度に実質的に形式消滅した。

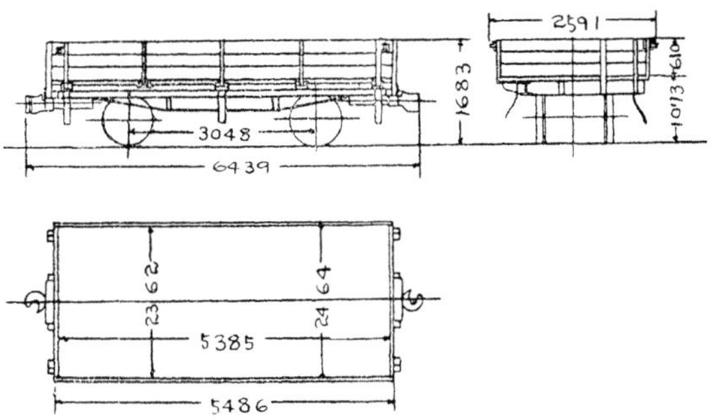

図2-5　ト4300形の形式図　貨車形式図1929年版

2.6 ト4500形

ト16331$^{\mathrm{M44}}$形は官鉄が明治20年代に製作した我が国最初期の10トン車で車体は３枚側総アオリ戸式、荷重は大10/小８/石炭８トンで容積7.1m^{3}である。

「大改番」では4500～4567の68両がト16331$^{\mathrm{M44}}$形から改番された。1945年度末でも62両が残存していたが、古い車両のため1950年度の特別廃車で淘汰された。

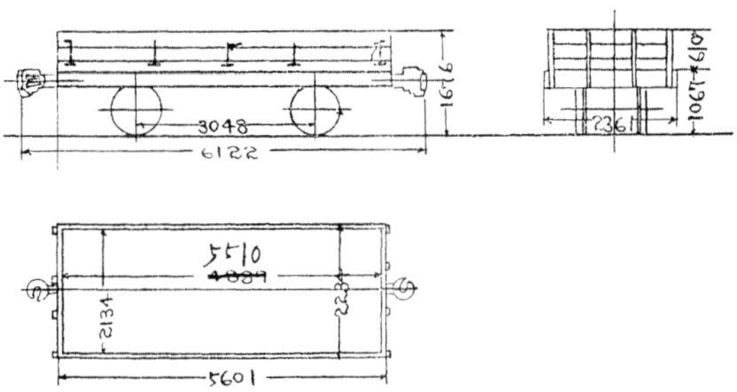

図2-6　ト4500形の形式図　貨車形式図1929年版

2.7 ト4700形

ト16442$^{\mathrm{M44}}$形は関西鉄道自慢の全鋼製台枠を用いた10トン車で、車体は３枚側総アオリ戸式、床面は恐らく鋼板製ではないかと思われる。荷重は大10/小９/石炭８トンで容積7.5m^{3}であった。

「大改番」では4700～4764の65両がト16442$^{\mathrm{M44}}$形から改番され、その後他形式から4765, 4766が加わった。4767～4858は1934～1941年度の私鉄買収車を編入したものである。

車齢の若い買収車が加わったため形式としての淘汰は遅く、実質的な形式消滅は1953年度であった。

写真2-4　ト4700形4759　P：吉岡心平所蔵

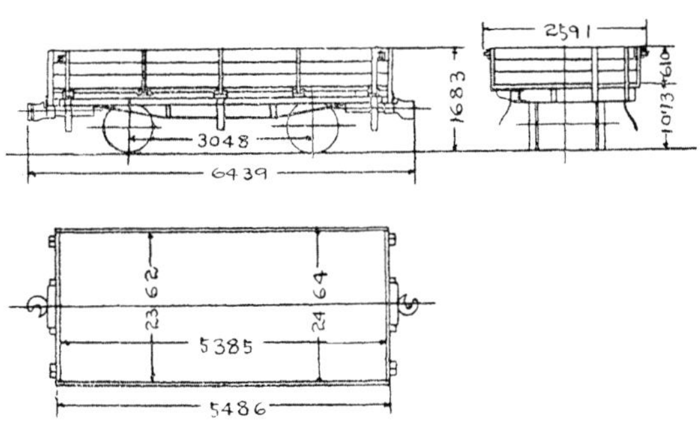

図2-7　ト4700形の形式図　貨車形式図1929年版

2.8 ト4900形

荷重は大10/小８/石炭７トン、容積6.8～7.3m^{3}でト１^{初代}形と同大だが、車体側面のアオリ戸構造が異なり、前後２分割の車両と車体中央部だけの２種類に大別される。

「大改番」では4900…5414の493両がフト7376、ト8600$^{\mathrm{M44}}$形など15形式から改番された。5415～5473は1943～1944年の私鉄買収車を編入したものである。

1945年度末でも340両が残っていたが、1950年度の特別廃車で実質的に形式消滅した。

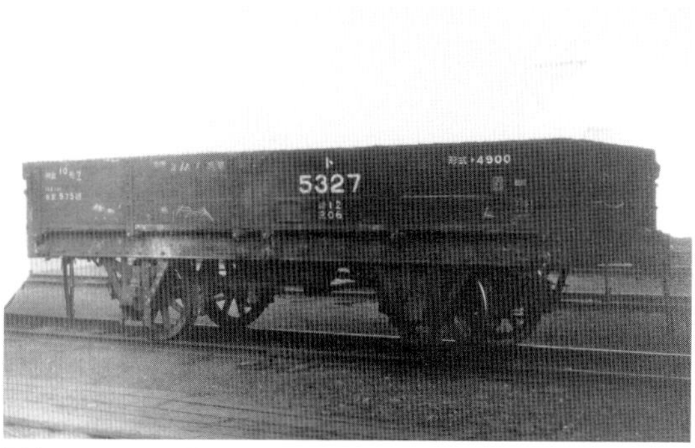

写真2-5　ト4900形5327　P：吉岡心平所蔵

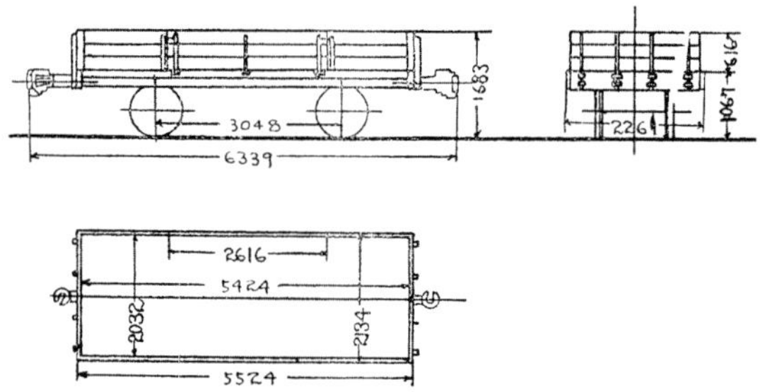

図2-8　ト4900形の形式図　貨車形式図1929年版

2.9　ト6000形

ト1^{初代}形と共に10トン車の中核を成す形式で、車体は4枚側でト1^{初代}形より容積が大きい。側面の開口部は前後2分割のアオリ戸、車体中央だけアオリ戸、そして中央のみ引戸などがあった。荷重は大10/小8/石炭9トン、容積8.8～9.6m^3である。

「大改番」では6000…8850の2,852両がフト7499、ト9937$^{\text{M44}}$形など24形式から改番された。8851～8882は他形式からの編入と2車現存車の改番、8883～8930は1941～1944年の私鉄買収車を編入したものである。

台枠が鋼木合造の車両は昭和初期に淘汰され、1945年度末では1,474両が残っていた。戦後2回の特別廃車で殆どが淘汰され、1950年度で実質的に形式消滅した。

写真2-6
ト6000形7219
大改番でト10336$^{\text{M44}}$形12024を改番したもの。元々は日鉄の「炭車」で常磐炭輸送用の無蓋車だったが、増トン改造により下回りは一新されている。
P：レイルロード所蔵

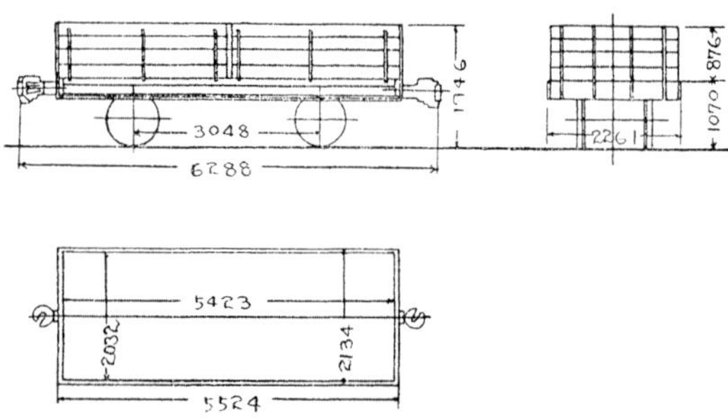

図2-9　ト6000形の形式図　貨車形式図1929年版

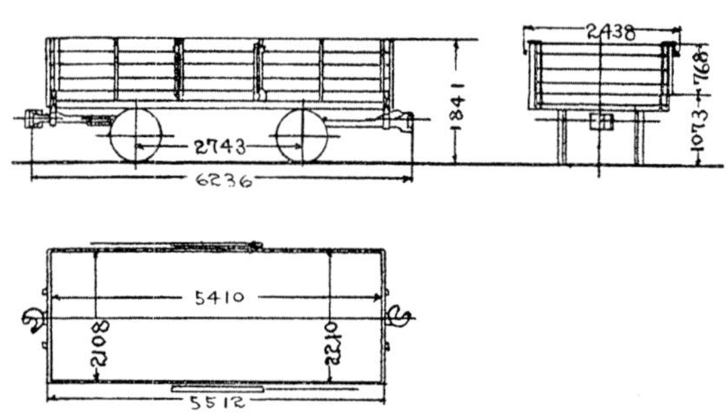

図2-10　ト6000形の形式図　貨車形式図1929年版

2.10　ト9800^{初代}形

「大改番」では9800～9827の28両がト16124$^{\text{M44}}$形から改番された。

ところが写真、形式図共に未発見で、淘汰も1932年度と早かったため、実態不明な形式である。

2.11　ト 9900 形

関西鉄道由来の材木車兼用車で、英国でダブルボルスターワゴンと称する床上に２本の枕木を持つ貨車であった。車体は３枚側で前後２分割のアオリ戸を持ち、荷重は大10/小９/石炭９トン、容積8.3m^3であった。

「大改番」では9900～9913の14両がトチ475$^{\text{M44形}}$から改番された。

1943年度に海外へ供出され２両に急減、1947年度の特別廃車で形式消滅した。

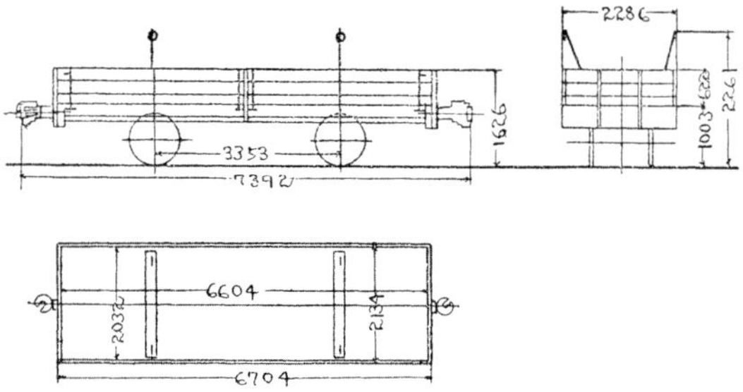

図2-11　ト9900形の形式図　　貨車形式図1929年版

写真2-7
ト9900形9908
大改番でトチ475$^{\text{M44}}$形483を改番したもの。元々は関西鉄道の無蓋車材木車兼用で、木材輸送を考慮して車体が長い。
P：レイルロード所蔵

2.12　ト 10000 形

日露戦争で英国から輸入したト14693$^{\text{M44}}$形は、大半が増トン改造で12トン車に改造(16ページのト13600形参照)されたが、本形式は北海道で未改造のまま残った車両をまとめたもの。車体は３枚側でアオリ戸は車体中央のみ、荷重は大10/小8/石炭7トンで容積7.3m^3であった。また一部には図のように留置ブレーキが車側ハンドル式の車両もあった。

「大改番」では10000…10073の74両がト14693$^{\text{M44}}$形から改番された。

台枠が鋼木合造のままだったため1931年に淘汰形式に指定され、1932年度に実質的に形式消滅した。

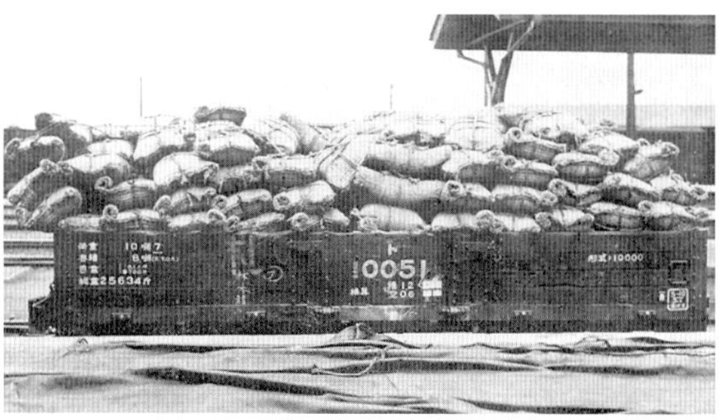

写真2-8　ト10000形10051　　P：吉岡心平所蔵

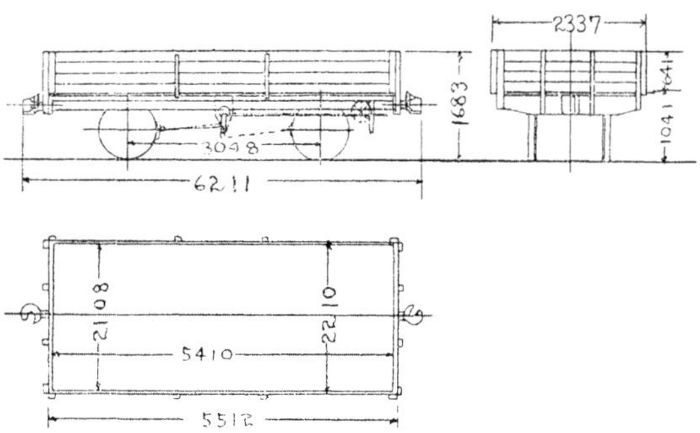

図2-12　ト10000形の形式図　　貨車形式図1929年版

表2-2　ト10000…11400形の両数変遷

形式	年度末両数																					
	1929	1930	1931	1932	1933	1934	1935	1936	1937	1938	1939	1940	1941	1942	1943	1944	1945	1946	1947	1948	1949	1950~58	1959
ト10000	72	72	12	1	1	1	1	1	1	1	1	1	1	1	1	1	1	1	1	0			
ト10200	11	11	3	1	1	1	1	1	1	1	1	1	1	1	1	1	1	0					
ト10300	183	183	178	173	165	160	140	137	134	134	131	129	125	123	122	122	118	93	25	5	4	1	0
ト10800	29	28	27	27	26	26	25	25	25	25	25	25	25	25	4	4	4	3	0				
ト11000	163	161	154	134	110	102	82	77	90	87	81	81	81	81	81	78	74	66	18	6	5	0	
ト11400	1	1	1	1	1	1	1	1	1	1	1	1	1	1	0								

2.13　ト10200形

車体は４枚側で前後２分割のアオリ戸か車体中央に引戸を持ち、荷重は大10/小8/石炭８トンで容積8.5m^3である。ト6000形との違いはよく判らない。

「大改番」では10200…10222の11両がト9422, 9875, 15842^{M44}形から改番された。

改番時は既に淘汰途中だったようで、計画の約半数しか改番されず、1932年度に実質的に形式消滅した。

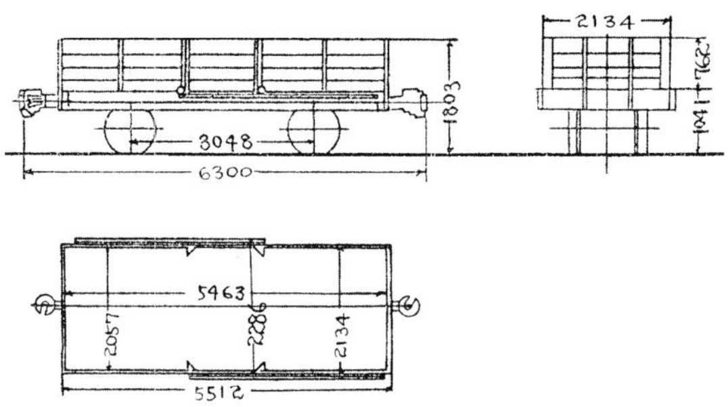

図2-13　ト10200形の形式図　　貨車形式図1929年版

2.14　ト10300形

九州鉄道の石炭用無蓋車で、車体は４枚側で容積が大きい。側面は前後２分割のアオリ戸のものと中央に観音開き扉があるものがあり、荷重は大10/小8/石炭10トン、容積は10.3～10.4m^3である。

「大改番」では10300…10489の183両がト9488, 9648, フト7336^{M44}形から改番された。

長命な形式で100両以上が戦後まで残り、1949年に実質的に形式消滅した。

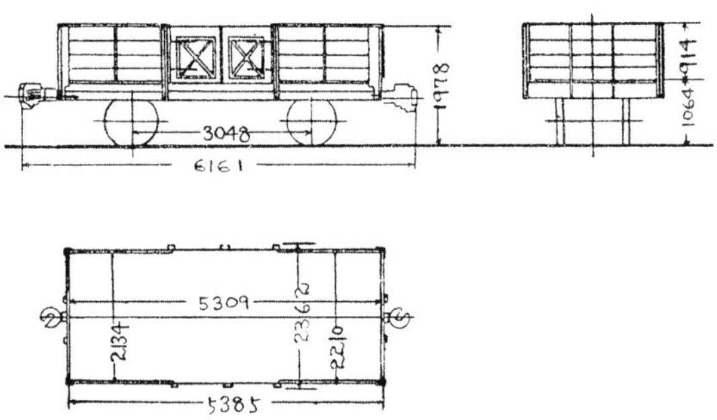

図2-14　ト10300形の形式図　　貨車形式図1929年版

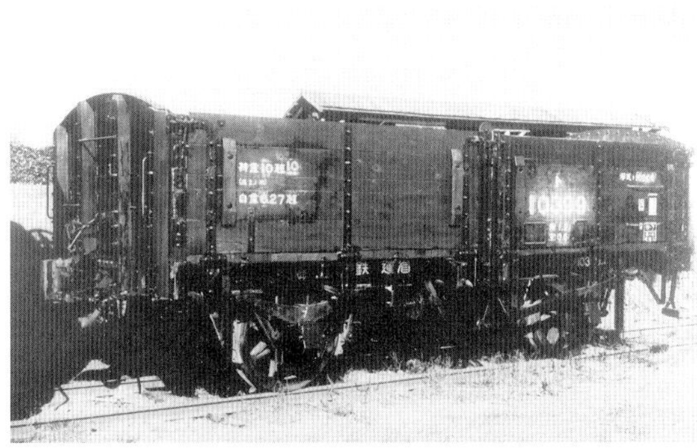

写真2-9　ト10300形10399　　P：吉岡心平所蔵

2.15　ト10800形

明治20年代に官鉄が製作した10トン車の生残りで、車体は４枚側で中央のみアオリ戸、荷重は大10/小９/石炭９トン、容積は9.1m^3と当時としては超大型車であった。

「大改番」では10800～10828の29両がト16303^{M44}形から改番された。

車齢の割に長生きで1946年度に形式消滅した。

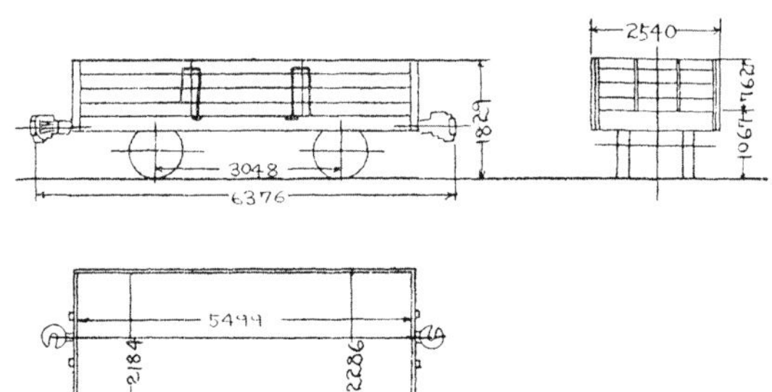

図2-15　ト10800形の形式図　　貨車形式図1929年版

2.16　ト11000形

九州鉄道が豊州鉄道から引き継いだ石炭用無蓋車で車体はト10300形に似た４枚側２分割アオリ戸だが、一部に底扉を持つ車両もあった。荷重は大10/小９/石炭10トンで容積は10.2～11.5m^3、一部は荷重12トンの時代もあったが後に10トンに統一された。

「大改番」では11000…11165の163両がト16154, 16647, フト7860, 7880^{M44}形から改番された。11166～11186は1933～1944年の私鉄買収車を編入したものである。

この形式も長命で、1945年度末でも70両余が生存していたが、1949年度に形式消滅した。

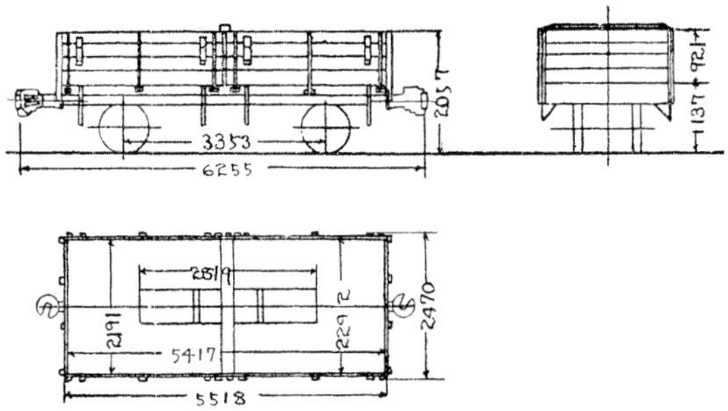

図2-16　ト11000形の形式図　　貨車形式図1929年版

写真2-10　ト11000形11183（私鉄買収車）　P：吉岡心平所蔵

2.17　ト 11400 形

「大改番」では11400の1両がト10290^{M44}形から改番された。

形式図には肝心の図面が掲載されていないため車体の構造は判らず、荷重は大10/小9で容積は不明である。両数1両のまま残っていたが、1943年度に形式消滅した。

2.18　ト 11500 形

鉄道国有化後の1911～1913年に国鉄が新製した12トン積無蓋車3形式をまとめたもので、車体は4枚側でアオリ戸は中央のみ、妻構上部は山形になった。荷重は大12/小9/石炭8トンで容積10.5～11.0m^{3}であった。

「大改番」では11500…13128の1,615両がト17955、18870、19320^{M44}形から改番された。

台枠は製造された時期で鋼木合造と全鋼製とがあり、1931年には前者約200両が廃車され、残りは1932～1933年度に荷重を10トンに減トンしてト1^{初代}形15000番代に改造された。改造漏れの車両が11両残ったが1950年度の特別廃車で形式消滅した。

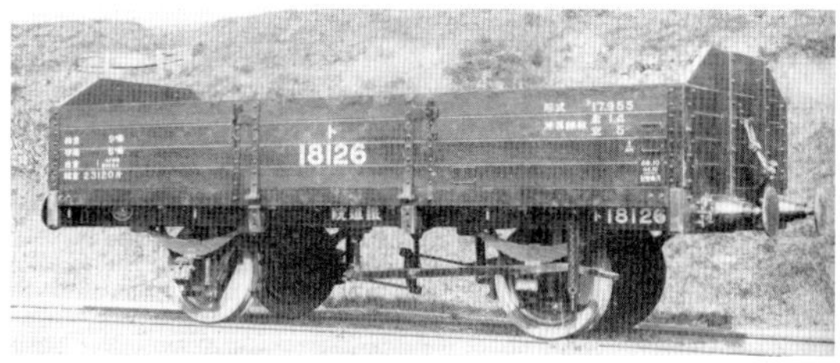

写真2-11　ト17955^{M44}形18126（後のト11668）　P：吉岡心平所蔵

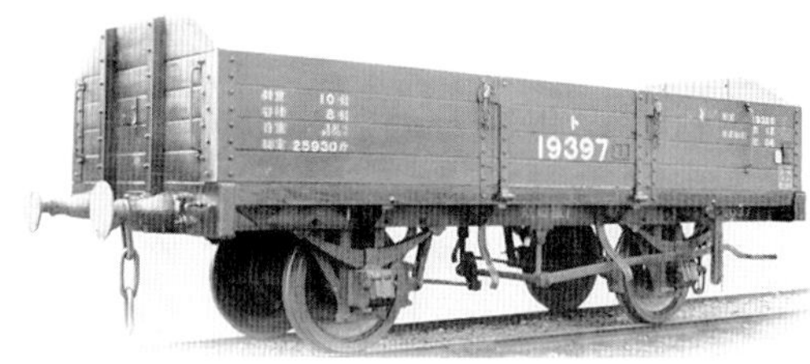

写真2-12　ト19320^{M44}形19397（後のト12676）　P：吉岡心平所蔵

表2-3　ト11500形の両数変遷

形式	年度末両数										
	1929	1930	1931	1932	1933～4	1935～44	1945	1946	1947	1948～9	1950
ト11500	1615	1610	1409	45	11	10	9	8	6	2	0

図2-17
ト19320^{M44}形の組立図
（後のト11500形12650～13128）
台枠は国鉄初の全鋼製台枠と称するものだが、貫通した中梁はなく、端梁と連環連結器の周囲にはまだ木材を使用している。

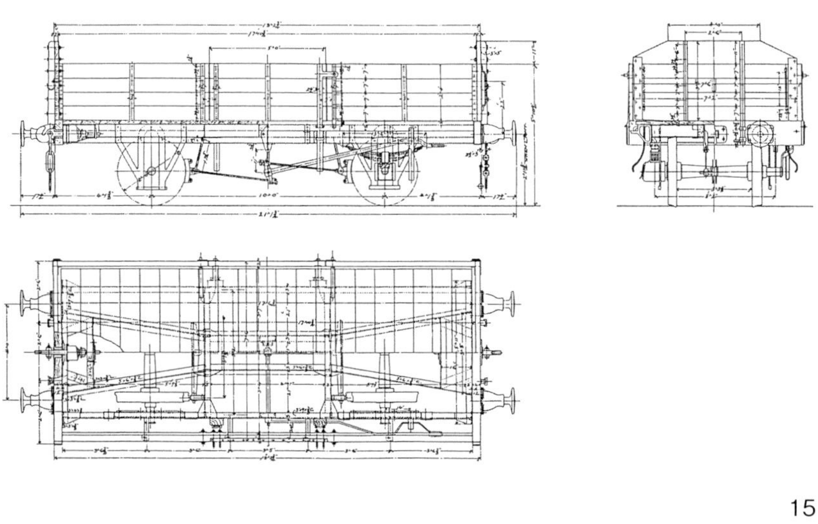

2.19　ト13600形

日露戦争で英国から輸入したト14693^{M44}形は1921～1924年に国鉄工場で増トン改造を受けて12トン車となり、車体はト6000形と似た４枚側で前後２分割アオリ戸、台枠以下は全鋼製に大改造し車軸も10トン軸に交換された。なお関東大震災の被災無蓋車をこの設計で復旧したもの24両も含み、荷重は大12/小９/石炭10トンで容積9.8m^{3}であった。

「大改番」では13600…14016の403両がト14693^{M44}形から改番されたが、その大半は1932年度にト1^{初代}形に減トン改造されたため残存車は約20両に急減した。

その後、1934～1943年に私鉄買収車を編入して14017…14080としたが、1947、1950年度の２度の特別廃車で淘汰されている。

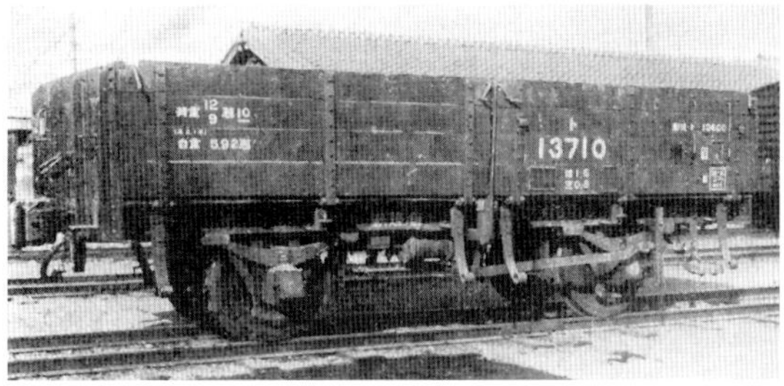

写真2-13　ト13600形13710　　P：吉岡心平所蔵

表2-4　ト13600形の両数変遷

形式	年度末両数														
	1929	1930	1931	1932	1933	1934	1935	1936～7	1938	1939～42	1943～5	1946	1947	1948～9	1950
ト13600	403	402	398	378	26	37	34	33	32	30	45	43	3	9	0

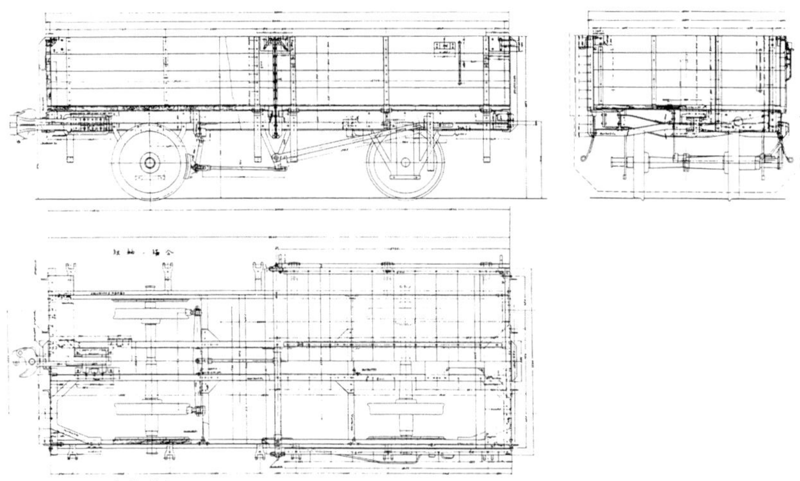

図2-18
ト13600形の組立図
英国生まれの輸入車だが、増トン工事で原型を留めないまで改造され、台枠には自動連結器に対応するため中梁を新設した。

2.20　ト20000形

●誕生の経緯

昭和恐慌で小型貨車の需要が増大したため、1933年から10トン積無蓋車を新製することになった。

●車歴

1933～1940年にト20000～27376の7,377両が貨車メーカー各社で製作された。その後、私鉄買収車が３両編入されたため最終番号は27379である。

●基本仕様

車体の内法長さは従来のト１^{初代}形並の5.6mとしたが、内法幅を250mm拡大して2.4mとしたため、床面積は13.4m^{3}となった。容積は営業面の配慮からト１^{初代}形に合わせ、アオリ戸高さは従来より10mm低くしたが、石炭荷重はト１^{初代}形より１トン増して８トンとした。

●上回り

車体はト１^{初代}形と同様に側面全体を１枚のアオリ戸としたが、最大の特色は妻構とアオリ戸を鋼製とした点にあり、一部の組立には溶接を初めて採用した。

鋼製のアオリ戸は長さ5,600×高さ590mmと大型で板厚は3.2mm、材質は腐食に強い含銅鋼板とした。組立は歪みを考慮して鋲接とし、アオリ戸上枠は補強のため中央が弧状に張り出している。

アオリ戸ヒンジは製造時期で数が異なり、1934年前半迄の前期形では５箇所(約1,400mm間隔)だが、後期形では６箇所(約1,100mm間隔)に増やした。両者の区分は製造所により入り組んでいるが、およそ21000付近と思われる。

妻構はアオリ戸と同じ板厚、材質だが、周囲枠と妻柱との組立は全溶接により、上辺は山形で床面〜上辺間高さは890mmとした。

床板は転動防止を容易にするため、従来と同じ厚さ60mmの木板である。

なお1937年度以降製(ト24535〜)は車票挿の位置が変更された。

●下回り

台枠は通常の平形だが、側梁は従来の150×75溝型鋼を180×90に強化、いっぽう中梁は250×90を200×80断面に小型化し、台枠上面も従来より約50mm低くした。これにより自連緩衝器が床板と干渉するため、該部は床板を鋼板製とした。

後期形では側梁と中梁間に山形鋼を用いた床受梁が追加され、アオリ戸受の先端も丸められた。

軸距はト１初代形と同じ3,000mmで、走り装置はシュー式、担いバネは従来と同じ二種、自連緩衝器は丙種引張摩擦式、そしてブレーキ装置はブレーキシリンダと空気溜が分離したKD180形とした。

●その後

戦時増積では第一次で２トン、第二次で３トン増積に指定された。

1945年度末では7,304両が在籍していた。車体の木体化を含む更新修繕工事は1952〜1955年度に施行され、6,985両がト１二代形に改造された。未施行車が６両残ったが、1959年度に形式消滅した。

図2-19
ト20000形(前期形)の組立図
図番はVC0463で作図は1933年4月。床面高さはレール面上1,040mmで、従来の無蓋車より60mm低く、自連緩衝器の部分は床板と干渉するため床板を切欠き、鋼板製の蓋で覆った。

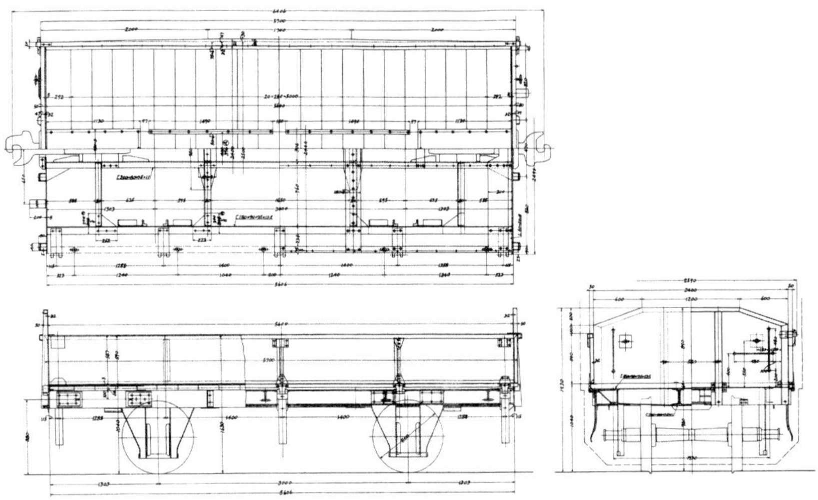

図2-20
ト20000形(後期形)の組立図
アオリ戸の変更は1934年7月。側梁と中梁の間には床板の破損を防ぐため、75×75山形鋼を用いた床受梁が追加された。

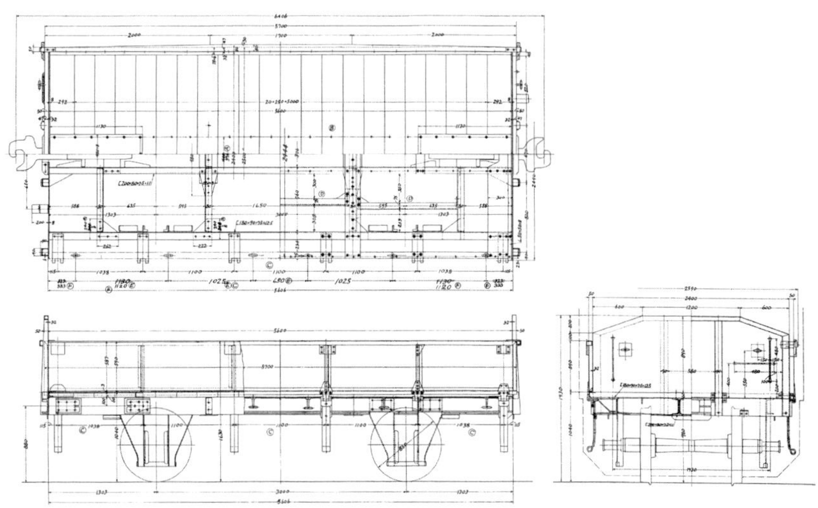

表 2-5　ト 20000 形の両数変遷

形式	年度末両数																					
	1933	1934	1935	1936	1937	1938	1939	1940	1941～3	1944	1945	1947	1948	1949	1950	1951	1952	1953	1954	1955	1956～8	1959
ト20000	600	1680	3020	4534	6230	6635	7287	7375	7370	7334	7304	7207	7159	7144	7133	7130	4346	1674	407	6	4	0

写真2-14
ト20000形20990
1934年７月新潟鉄工所製の前期形。
アオリ戸の縦柱は３本、同ヒンジは５箇所と少なく、アオリ戸の上枠は補強のため中央が平面的に手前に張り出している。アオリ戸受バネの先端が丸められていない点に注意されたい。
Ｐ：吉岡心平所蔵

写真2-15
ト20000形23109
1936年10月川崎車両製の後期形。
アオリ戸の縦柱は１本追加して４本となり、ヒンジも６箇所に増えた。この角度だと全溶接で組み立てた妻構がよく判る。
Ｐ：吉岡心平所蔵

写真2-16
ト20000形25303
1937年12月新潟鉄工所製の後期形。
1937年度以降に製作された車両は、車票挿の位置が変更された。
Ｐ：吉岡心平所蔵

2.21　ト１二代形

●誕生の経緯

戦前期に製作された鋼製車体の無蓋車は、戦後の更新修繕で鋼製部分を木体化する改造を受けた。

本形式もその一つで、ト20000形10トン車を木体化する際、形式を変更したものである。

●車歴

1952～1955年度に１～7380（欠番多数）の6,960両が国鉄工場でト20000形から改造された。新番号は旧番号マイナス20,000としたが、これが多数の欠番を生じた原因である。

●仕様

鋼製無蓋車の木体化改造はト、トム、トラの計４形式に施行され、他形式では改造前後の車体寸法は同一だが、本形式ではアオリ戸高さを590mmから770mmに高めて容積を27.7m^{3}に増加した。

これはト20000形はト１初代形との互換性を重視したため石炭荷重を８トンに制限したが、更新時にはその必要が無くなったため、石炭荷重を荷重と同じ10トンに改めたことによる。

●改造の内容

車体はトム50000形と似た４枚側で前後２分割のアオリ戸式となった。アオリ戸高さは770mmでトムより80mm低いが、これは床面高さがトムより65mm低いことから開扉時の地面との接触を防止するためである。側板の断面形状は190×50mmでコトラに合わせた。また前後のアオリ戸間にはトムと同じ着脱式側柱を新設した。

台枠はト20000形時代のものをそのまま用いたが、アオリ戸ヒンジ位置の変更に伴い長土台受をこれに合わせた位置に移設、また新設した側柱受の部分は補強した。ブレーキや走り装置は種車のものをそのまま再利用している。

●その後

改造後は唯一の10トン積無蓋車として賞用されたが、昭和30年代末から本格的な廃車が始まった。ヨンサントウでは短軸距のため㋺車となり、北海道内に封じ込められた。1968年度末では246両が残ったが、1970年度に実質的に形式消滅した。

表 2-6　ト１二代形の両数変遷

形式	年度末両数																		
	1952	1953	1954	1955	1956~7	1958	1959	1960	1961	1962	1963	1964	1965	1966	1967	1968	1969	1970~82	1983
ト１二代	2775	5396	6586	6941	6938	6930	6799	6672	6583	6270	5833	5448	3528	2433	1019	246	161	1	0

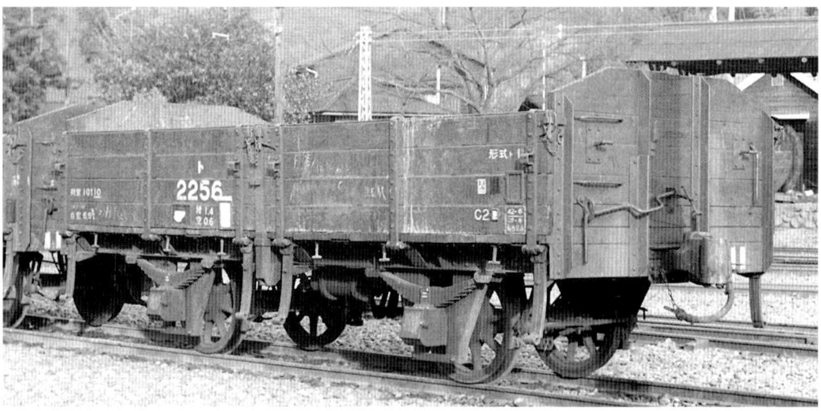

写真2-17
ト１二代形2256
石炭荷重を10トンに増すため、ト20000形時代に比べて側面のアオリ戸と妻構を高くした。
P：豊永泰太郎

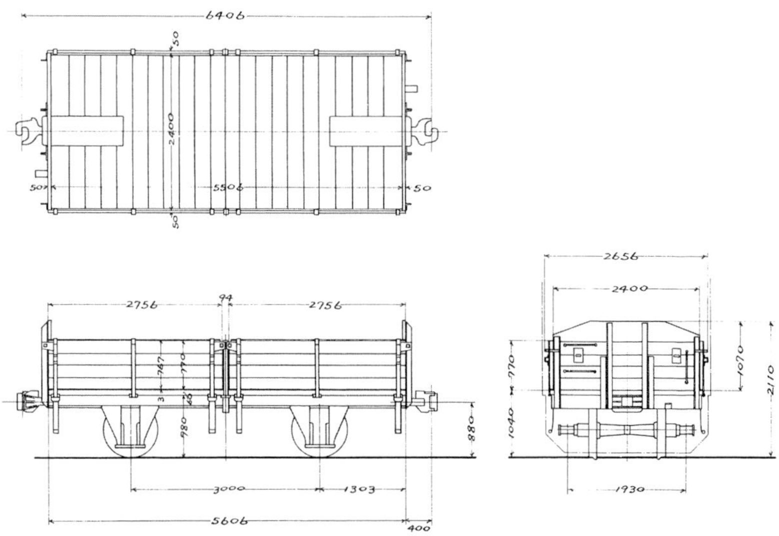

図2-21
ト１二代形の形式図
図番はVD0766で作図は1952年７月。
端梁部分には昔の妻構の鋼板(厚さ3.2mm)が表面にあるため、車体長さは5,606mmと端数が付いた。アオリ戸に用いる木板はトラ20000／23000形と共通の190×50断面である。

3. トム

「トム」は荷重14～16トンの無蓋車で、国鉄には表1-7と1-8に示す30形式が在籍した。本書では制式10と海外1の計11形式を解説する。

3.1 トム1（ト21600^{M44}）形

●誕生の経緯

1915年の登場時は画期的な大型車で、2軸貨車で初めて15トン積を実現した。大正期を代表する無蓋車として後継のト24000^{M44}形と共に「観音トム」として親しまれた。

●車歴

「大改番」で1…2029の2,026両がト21600^{M44}形21600…23695から改番された。その後、トサ1^{初代}形の復元車50両、2車現存車の書換えや私鉄買収車、そして他形式からの復旧車などがあり、最終番号は2525(欠番多数)となった。

●仕様

当時の有蓋車フワ30000形と同大で石炭15トン積が目標で、荷重は大15/小13/石炭15トン、車体の内法寸法は長さ6,928×幅2,184×側面高さ1,016mm、床面積15.1m^{2}となった。総重量は約22トンで当時の建設規程に抵触するが、本形式は除外することに定められた。

●上回り

車体は木製だが、側板高さは容積を確保するため8インチ板×5枚側と高く、そのままではアオリ戸が地面と接触するため、車体中央に開口幅1,524mmの観音開き式の側扉を設け、その前後の側板下2枚をアオリ戸とする新構造を採用した。

●下回り

台枠はフワ30000^{M44}形と似た平型で、側梁は254×89、中梁は152×76溝型鋼で横梁は中梁の下を潜っている。ト19320^{M44}形では木製だった端梁は、側梁と同断面の溝形鋼製となった。

走り装置はリンク式、担いバネは5種、軸箱守はWガード形、車軸は基本10トン軸で連結器は連環式、ブレーキは貫通ブレーキはなく、留置ブレーキは片側テコ式でブレーキシューも内側の片押し式であった。

その後、担いバネは両端の目玉部分の折損が多発したため、走り装置をシュー式に改造し、担いバネは目玉部分を切断して第10種に改造して再利用した。また連結器は自動連結器に交換、基礎ブレーキも空気ブレーキを追加した際に両抱式に改造されている。

●その後

大正時代の増トン工事で50両が常磐炭輸送用の24トン積3軸無蓋車ト23700^{M44}(後のトサ1^{初代})形に改造されたが、1931年度に本形式に復元された。

海外への供出は短軸車であることが幸いして対象外となっている。

表3-1　トム1形の両数変遷

形式	年度末両数																							
	1929	1930	1931	1932	1933	1934	1935	1936	1937～8	1939	1940	1941	1942	1944	1945	1947	1948	1949	1950	1951	1952	1953	1954	1955
トム1	2028	2027	2077	2076	2075	2095	2092	2088	2124	2120	2118	2175	2173	2288	2255	1881	1680	1567	1392	1253	946	780	562	413

年度末両数													
1956	1957	1958	1959	1960～3	1964	1965	1966	1967～9	1970	1971～82	1983	1984	1985
224	124	43	30	35	34	33	32	31	28	26	23	7	0

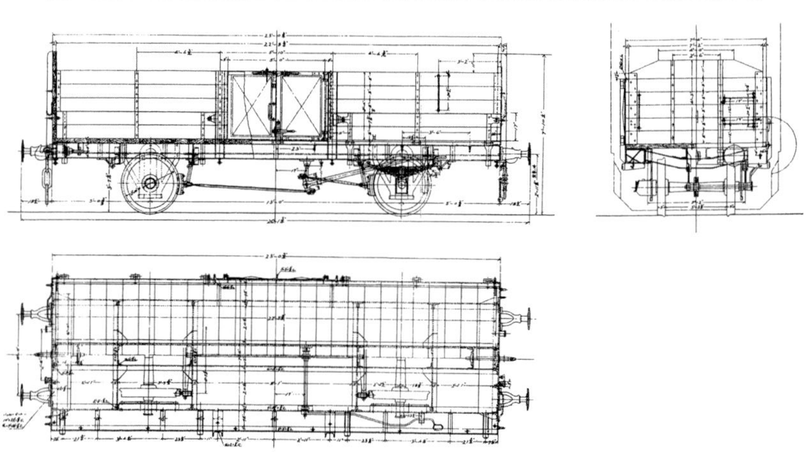

図3-1
トム1形の組立図
作図は1914年。

戦時増積は第二次で２トン増積に指定された。

1945年度末には2,255両が在籍したが、その後一部は特別廃車で淘汰され、更新修繕工事は老齢のため対象外となった。残存車は事業用車代用車として利用することになったため思いのほか長命で、1971年度に実質的に形式消滅した。

写真3-1
ト21600^{M44}形22616
（後のトム1形961）
1915年12月川崎造船所製。
走り装置はリンク式で、基礎ブレーキは片押しシューの押し棒式である。妻柱が木製なのに注目。
P：吉岡心平所蔵

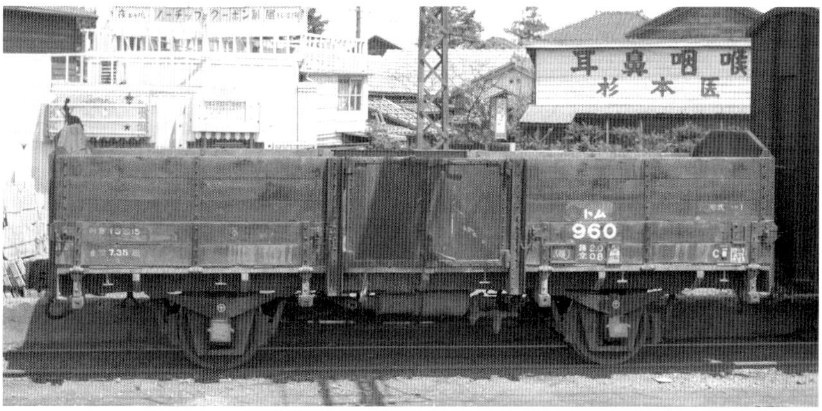

写真3-2
トム1形960
晩年の姿で、走り装置はシュー式に改造され、ブレーキもKC180形空気ブレーキを装備したため、基礎ブレーキも両抱きシューの引き棒式に改造されている。
1951.4　吉祥寺
P：伊藤　昭

3.2　トム 5000（ト 24000^{M44}）形

●誕生の経緯

将来の広軌化に対応出来るようにト21600^{M44}形の車軸を基本10トン長軸に変更したもの。

●車歴

「大改番」で5000〜10118の5,119両が1917〜1924年製のト24000^{M44}形24000…29189から改番された。なお29190以降はトム16000形になっている。その後1937年度にはトフの改造車が10158…10322として加わり、加えて私鉄買収車の編入や２車現存車の書換えがあるため最終番号は10346となった。

●仕様

トム１形と同大だが設計にメートル法を採用したため、車体の内法寸法は長さ6,930×幅2,200×側面高さ1,000mm、床面積15.2m^{2}となった。荷重は大15/小13/石炭15トンでトム１形と同じである。

●上回り

トム１形とほとんど同じだが、木板の断面寸法は８×２inから200×50mmとなった。側面下部のアオリ戸は側板２枚から３枚分に広げ、開口部高さを600mmとした。また側扉は鎖錠方法を変更した。

妻構は山形部の高さを床面から1,280mmとし、妻柱は山形鋼製とした。なお1918年製には欧州大戦による影響で戸柱や妻柱を木製としたものがある。

●下回り

台枠はトム１形の側梁間隔を広げたもので、各部の部材はトム１形と同じである。装備品もトム１形と同じだが、車軸はジャーナル中心間隔を1,930mmに拡大した基本10トン長軸とした。後天的な自動連結器や空気ブレーキの追加もトム１形と同じである。

表3-2　トム5000形の両数変遷

形式	年度末両数																						
	1929	1930	1931~2	1933	1934	1935	1936	1937	1938	1939	1940	1941	1942	1944	1945	1947	1948	1949	1950	1951	1952	1953	1954	1955
トム5000	5142	5139	5137	5134	5133	5127	5285	4531	3758	3402	3400	2991	2989	2980	2950	2385	2023	1871	1626	1458	1039	780	616	435

年度末両数									
1956	1957	1958	1959	1960	1961~9	1970~82	1983	1984	1985
255	203	111	92	88	66	64	53	51	0

●その後

1937年度にはトフ250形16両、トフ300形149両が本形式に改造された。1938年から始まった海外への供出では長軸であることが仇となり、北支800、中支660、山西160両の計1,620両が供出された。また本形式を国鉄工場で長物車に改造したチム5000形は北支200、中支50両の計250両が供出された。

戦時増積ではトム１形と同様に第二次増積で荷重は２トン増の17トンとなった。

1945年度末では2,950両が残っていた。更新修繕工事は1949年度にスタートしたが翌年には中止となり、その後は自然減に任せたため毎年略200両ずつ減少、1960年代初めには実質的に形式消滅した。

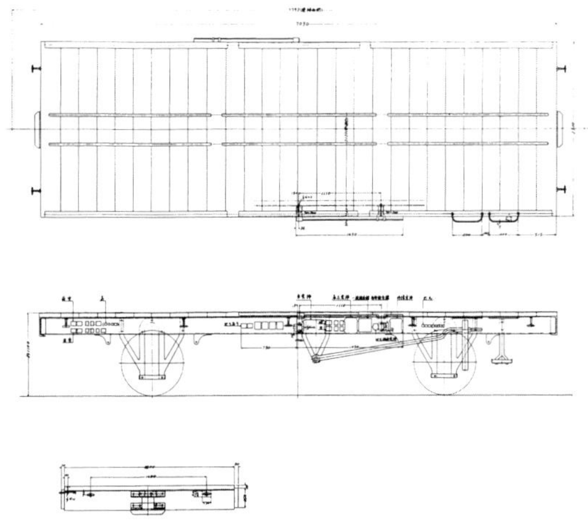

図3-2　チム5000形の形式図
海外供出用の車両で、250両がトム5000形から改造された。図番はVB0115で作図は1937年２月。

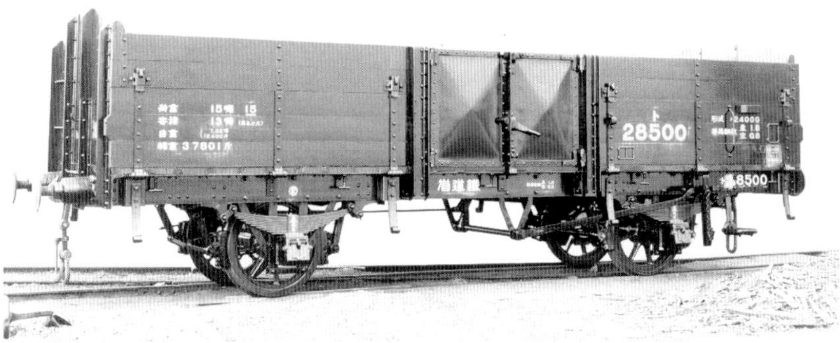

写真3-3
ト24000$^{\text{M44}}$形28500
(後のトム5000形9335)
1924年1月川崎造船所製。
基礎ブレーキは両抱きシューの引き棒式となったが、まだ空気ブレーキは未装備である。
Ｐ：吉岡心平所蔵

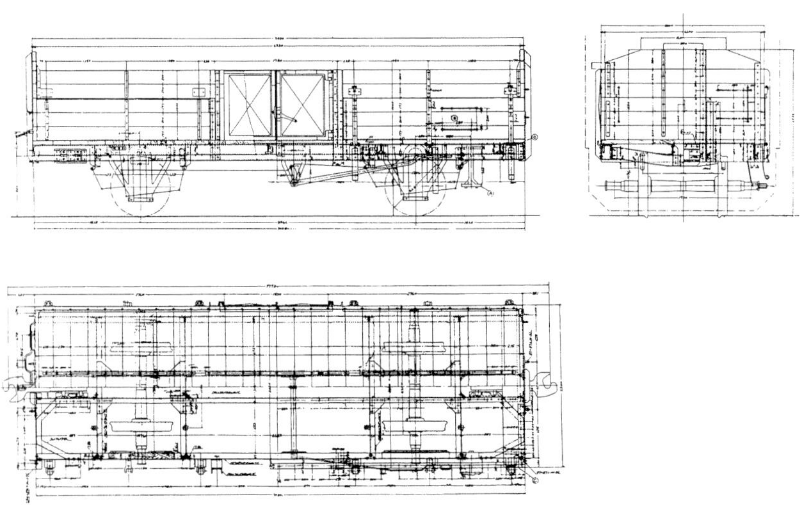

図3-3
トム5000形の組立図
図番はVA0012で作図は1924年４月。

写真3-4
トム5000形6966
1918年11月日車本店製。第一次大戦に伴う鋼材不足のため側扉の戸柱と妻柱が木製となっている。
P：レイルロード所蔵

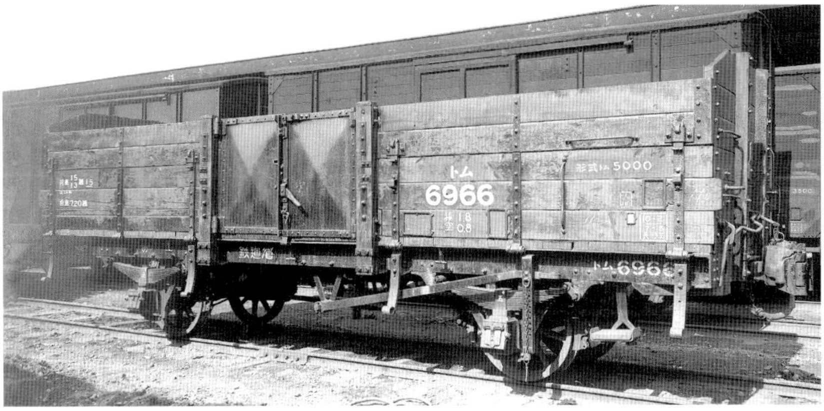

写真3-5
トム5000形7681
1919年９月汽車東京製。更新修繕は未施工で、走り装置はリンク式のままだが、軸箱守は形鋼組立に変更されている。
1958.9　函館
P：伊藤威信

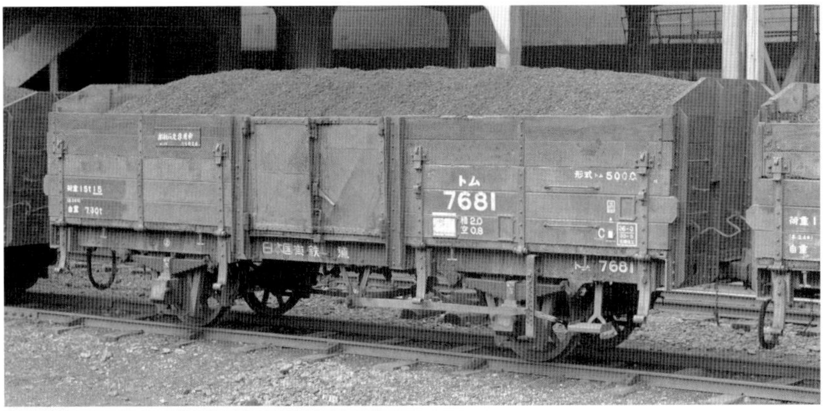

3.3　トム16000（ト24000^{M44}）形

●誕生の経緯

ト24000^{M44}形の29190以降は車両や兵器を積載出来るよう車体構造を変更したため、「大改番」では配車の便を図りトム16000形に区別した。

●車歴

「大改番」で16000…17773の1,772両が1924～1927年製のト24000^{M44}形29190…30497，34000…34469から改番された。その後、２車現存車の書換えとトム１形からの編入があり、最終番号は17792となった。

●仕様

16723迄の前期形はトム5000形と同寸だが、16724以降の後期形は一部寸法を見直した(例えば軸距3,960→3,900mm)ため、値が僅かに異なる。

●上回り

車体はトム5000形と同じ５枚側で中央開戸と前後３枚アオリ戸の併用式だが、アオリ戸上部の側板を着脱式とし、荷役時に上に引き抜くことで除去可能としたのが変更点である。構造的には側板を別体とし、妻柱と戸柱に側板を嵌め込む金属製のガイドを設置しただけの簡単なもの(2-3ページの写真1-2参照)であった。

●下回り

前期形はトム5000形と全く同構造だが、16724以降の後期形は1925年の連結器取替後に製作されたため、自動連結器専用の新形台枠とした。

この台枠は長さは従来と同じ7,030mmだが、軸距は端数を切り3,900mmとなった。側梁は152×76溝型鋼、中梁は254×89溝型鋼と無蓋車で初めて側梁より中梁が太くなり、横梁は厚さ9.5mmのプレス成型品を開戸柱の位置に配置した。組立は全て鋲接であった。

走り装置は前期形で担いバネの折損が多発したためシュー式に戻し、側梁が低くなった分は高さ80mmの鋼板製バネ座を挿入した。担いバネは新設計の７種、軸箱守は従来と同じWガード形、そして車軸は基本12トン長軸を初めて採用した。

連結器は自動連結器で緩衝器は引張バネ式、落成時からKC180形空気ブレーキを装備した。

●その後

トム5000形と異なり、海外供出の対象にはならなかった。戦時増積はトム5000形と同じで、第二次で２トン増積に指定された。車体部分の嵩上げ等の改造は行なわれていない。

1945年度末では大半の1,728両が残っていた。更新修繕工事は1949～1950年度に1,260両に施行されたが、これ以降は淘汰に方針変更されたため、その後は毎年数百両のペースで減少し、1968年度に形式消滅した。

表3-3　トム16000形の両数変遷

形式	年度末両数																													
	1929~30	1931~2	1933	1934	1935	1936	1937~9	1940	1941~2	1944	1945	1947	1948	1949	1950	1951	1952	1953	1954	1955	1956	1957	1958	1959	1960	1961	1962~4	1965	1966	1967	1968
トム16000	1772	1768	1766	1765	1763	1759	1758	1757	1756	1746	1728	1679	1656	1650	1625	1604	1503	1382	1148	858	484	121	35	43	32	15	14	9	3	1	0

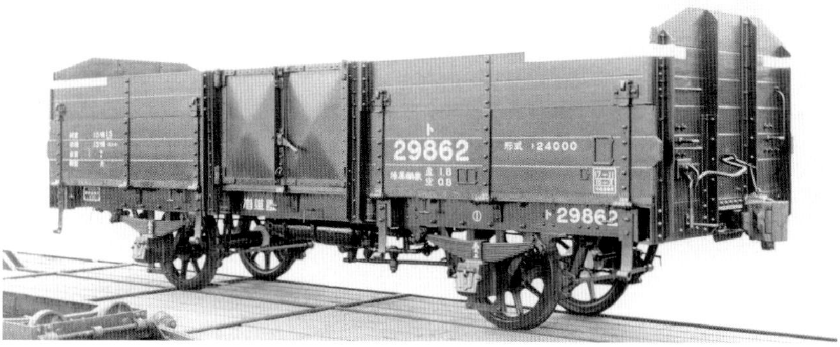

写真3-6
ト24000^{M44}形29862
（後のトム16000形16668）

1926年２月川崎造船所製の前期形。

前期形の台枠はトム5000形と同構造だが、自動連結器を装備して落成したため、端梁にはバッファーの穴がない。　P：吉岡心平所蔵

写真3-7
ト24000^{M44}形34368
（後のトム16000形17670）

1927年７月川崎造船所製の後期形。

新形台枠は軸距が60mm短かくなり担いバネもシュー式となった。また落成時から自動連結器と空気ブレーキを装備している。

P：吉岡心平所蔵

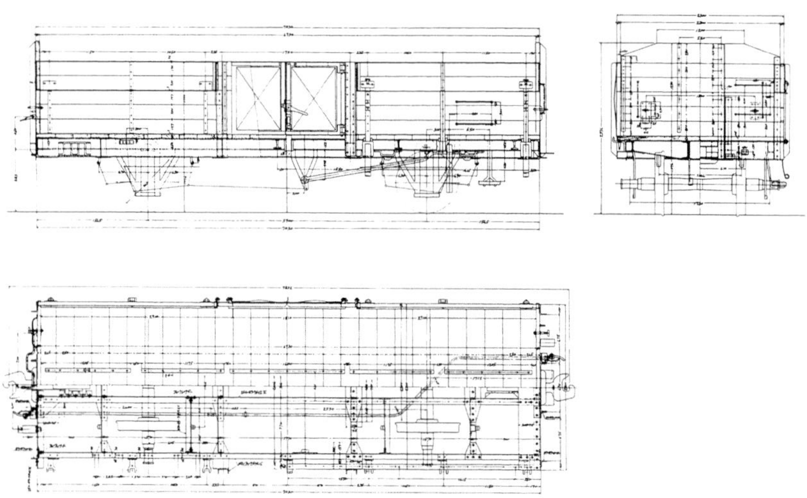

図3-4
トム16000形（後期形）の組立図

図番はVA0025で作図は1925年5月。

3.4　トム19000形

●誕生の経緯

1937年の日華事変で我が国は戦時体制に突入、1938～1939年には軍の要請で中国大陸に約1,900両のトム5000／トラ1形を供出した。これの補充もあり国鉄では1938年度から15トン積無蓋車の製作を再開、誕生したのがトム19000形である。

●車歴

1938～1940年にトム19000…24691(欠番多数)の3,971両が貨車メーカー各社で製作された。その後、私鉄買収車が30両編入されたため、最終番号は24721となった。

●仕様

荷重は大15/小13/石炭15トンで、車体断面はトラ1形に合わせたため内法幅2,480mm、アオリ戸高さ850mmとした。内法長さは荷重に合わせてトラ1形を15/17倍した7,250mmで、床面積は18.0m^{2}となった。

●上回り

車体はトラ1とト20000形を足して2で割ったような構造である。前後2分割のアオリ戸は長さ3,628×高さ850mm、材質は含銅鋼板で板厚は3.2mm、組立は鋲接主体と寸法以外はト20000形と全く同じとした。アオリ戸の形状により前期/中期/後期形の3タイプに分類され、前期と中期はアオリ戸上枠が直線だが、後期は強度増のため下向き魚腹形となった。また前期と中期/後期ではアオリ戸の縦柱の位置が異なる。これらの番号区分は不明だが、前期形は19000代前半に限られるようだ。

アオリ戸間にある側柱はトラ1形では車体に固定されていたが、本形式は上への抜き取りを可能とした。この構造はその後の無蓋車の標準となった。

妻構はト20000形と同じ厚さ3.2mm含銅鋼板製で、妻柱や外枠は全溶接で組立てた。床面～上辺間高さは1,150mmと高く、床面はト20000形同様、厚さ60mmの木板を並べた木製床である。

●下回り

「観音トム」の台枠はワムと共通設計だったため、総アオリ戸式とするには床面積が不足した。そこで本形式は初めて有蓋車と別設計とし、台枠長さは7,250mmとワム23000形より220mm長く、軸距も4,000mmと100mm延長した。横梁もトラ1形と同じ5本でワムより1本多く、側梁と中梁の間にはト20000形と同様に床受梁を追加した。使用鋼材は中梁は250×90、側梁は180×90断面の溝型鋼、床受梁は75×75山形鋼で、側梁はトラ1形より太くなった。

走り装置はリンク式、担いバネは6種、車軸は基本12トン長軸、緩衝器は丙種引張摩擦式、そして空気ブレーキはKC180形であった。

表3-4　トム19000形の両数変遷

形式	年度末両数													
	1938	1939	1940	1941～2	1943	1944	1945	1946	1947	1948	1949	1950	1951	1952
トム19000	1552	3778	3970	3969	3977	3989	3975	3931	3917	3879	2310	60	2	0

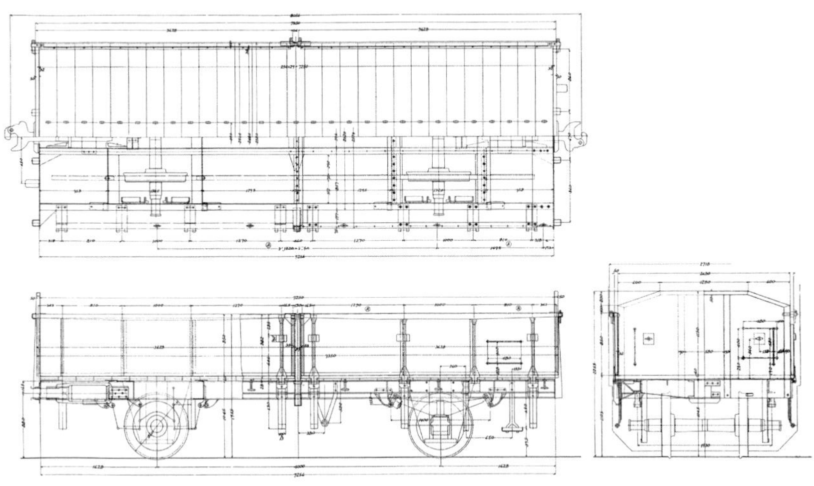

図3-5
トム19000形(後期形)の組立図
図番はVB0114で作図は1937年11月。
台枠は上面側に鋲接を残し、下面側を全溶接とした構造だが、後に下面側の溶接部に亀裂が入る欠陥があり、戦後の木体化改造時に該部に当板を鋲接して補強した。

●その後

本形式はワム23000形と共に戦前期の貨車を代表する優秀車だったが、量産途中に鋼材節約のため木製車体としたトム11000形に移行、1,721両に達する大量の欠番を生じた。

戦時増積では第一次で荷重17トン、第二次は18トンに査定された。

1945年度末では3,975両が在籍した。1949年度から始まった更新修繕工事では対象形式の第一号に選ばれ、1949～1952年度に3,878両が施行された。

更新では車体の鋼製部分を木体化し、更新後は形式をトム39000形に変更した。このため形式消滅は更新が終了した1952年度である。

3.5　トム39000形

●誕生の経緯

トム19000形を1949年度から実施した更新修繕工事の際、車体の鋼製部分を木体化した形式である。

●車歴

トム39000…44721（欠番多数）の3,878両が、1949～1952年度に国鉄工場でトム19000形から改造された。改造後の番号は旧番号＋20,000としたため、トム19000形自体の欠番と相俟って、全体の３割以上が欠番となっている。

写真3-8
トム19000形19033
1938年８月新潟鉄工所製の前期形。　P：吉岡心平所蔵

写真3-9
トム19000形20168
1939年１月田中車両製の中期形。
前期形とは車端寄のアオリ戸縦柱の位置が車体中心寄りとなった。
P：レイルロード所蔵

写真3-10
19000形21728
1939年５月川崎車両製の後期形。
後期形で、中期形とはアオリ戸上辺の形状が異なり、中央部が魚腹型に膨らんでいる。
P：吉岡心平所蔵

表3-5　トム39000形の両数変遷

形式	年度末両数																					
	1949	1950	1951	1952	1953	1954	1955	1956	1957	1958	1959	1960	1961	1962	1963	1964	1965	1966	1967	1968	1969	1970
トム39000	1561	3807	3867	3864	3861	3859	3843	3773	3613	3372	3004	2384	1929	1573	1260	896	592	378	209	171	108	0

●改造の内容

車体の内法寸法は長さ7,156×幅2,480×アオリ戸高さ850mm、床面積17.7m²で、結果的にトム11000／50000形式と同一となった。

改造では種車車体の鋼製部分を全て廃棄し、トム50000形と同じ木製アオリ戸と妻構を新製した。妻柱は図面ではトム50000形と同じＺ断面のプレス成型品だが、山形鋼で代用した車両も多い。

台枠は木製アオリ戸の装備でヒンジ位置が変ったため、長土台受をヒンジ位置に移設した。台枠裏面の溶接部は亀裂が多発したため、補強板を鋲接した。走り装置や装備品はトム19000形時代のままで変更されていない。

●その後

改造後はトム11000／50000形と共に汎用トムの中核として活躍した。本格的な廃車は1958年度から始まり、ヨンサントウでは㋺車として北海道に封じ込められた。1968年度末では171両が残ったが、1970年度に形式消滅した。

写真3-11
トム39000形39409
写真の妻柱はＺ断面のプレス成型品を使用している。
P：鈴木靖人

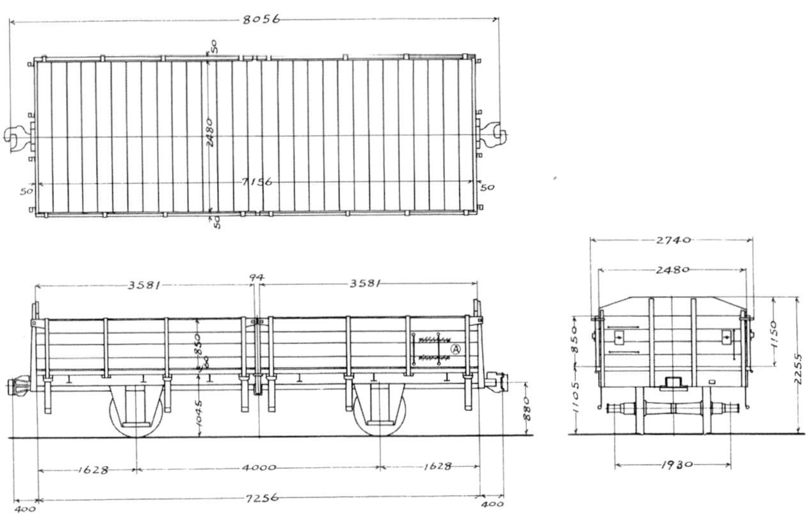

図3-6
トム39000形の形式図
図番はVD0754で作図は1950年6月。

3.6　トム11000形

●誕生の経緯

戦争の拡大に伴い鋼材使用量を削減するため、トム19000形の車体を木製に変更した形式。変更の決定が1939年度の途中だったため、製作中だったトム19000形のうち変更可能なものは本形式として落成した。このため両形式の落成時期はトム11000形の第一号車が

1940年1月、トム19000形の最終作は1940年6月とオーバーラップし、トム19000形に多数の欠番を生じる原因となった。

●車歴

1940年にトム11000〜12720の1,721両が貨車メーカー各社で製作された。その後、私鉄買収車の12721〜12730や戦災復旧車、2車現存の書替車などが存在するため、最終番号は12759となっている。

●仕様

荷重15トンで、車体寸法は内法長さ7,156×幅2,480mm、床面積17.8m^{2}と、トム19000形より長さが94mm短くなり床面積が0.2m^{2}縮小した。理由は妻構構造の変更によるもので、トム19000形では厚さ3.2mmだった妻板厚さが本形式では50mmに増したため、内法寸法がその分減少し7250－(50－3.2)×2＝7,156mmとなったことによる。

●上回り

トム19000形の鋼製アオリ戸と妻構をトラ1形並の木製とした設計で、アオリ戸はトラと同じ210×50mm材の4枚側で前後二分割式、長さは3,531×高さ850mmで木製妻板が厚くなった分だけ鋼製時代より短かい。妻構はトム19000形と同寸法で山形部の床面からの高さは1,150mmとトラより20mm高い。妻板は厚さ50mmの木板で妻柱はトム19000形と同じ鋼板をC断面にプレス成型したものを用いた。トム19000形が導入した取外し可能の側柱は、本形式でもそのまま踏襲している。

●下回り

台枠以下と装備品はトム19000形と変らない。

●トラ20000形への改造と戦時増積

1943年に戦時輸送力を増強するため、車体を嵩上げして荷重17トンのトラ20000形に改造された。改造方法には簡易改造と恒久改造の2種あるが、詳細はトラ20000形の項(45ページ)をご覧頂きたい。

未改造車は戦時増積の対象となり、第一次は荷重17トン、第二次では18トンに変更された。

●その後

トラ20000形の簡易改造車は1945年10月から復元工事が始まり、1,586両が本形式に復元されたが、恒久改造車はトラのまま残されたため両数減の原因となった。更新修繕工事の着手は遅く1953〜1954年度に1,570両に施工された。計画的な淘汰は1960年度から始まり、ヨンサントウでは㋺車となり北海道内に封じ込められた。1968年度末では219両が残ったが、1970年度で実質的に形式消滅した。

表3-6　トム11000形の両数変遷

形式	年度末両数																					
	1939	1940〜1	1942	1943	1944	1945	1947	1948	1949	1950	1951	1952〜3	1954	1955	1956	1957	1958	1959	1960	1961	1962	1963
トム11000	660	1721	1429	72	44	667	1282	1598	1586	1578	1575	1574	1572	1573	1570	1569	1559	1557	1431	1310	1234	1053

年度末両数								
1964	1965	1966	1967	1968	1969	1970〜83	1984	1985
741	573	406	228	219	154	3	1	0

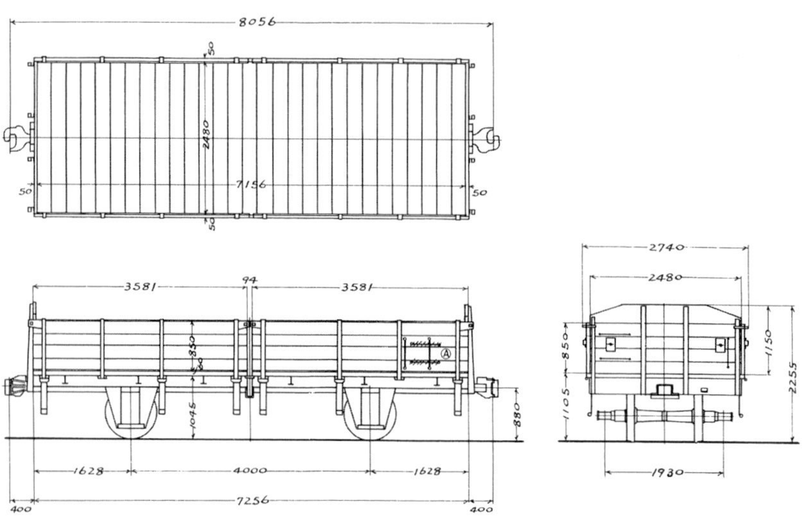

図3-7
トム11000形の形式図
図番はVD0672で作図は1941年3月。

写真3-12
トム11000形11787
1940年５月川崎車両製。
妻柱はＣ断面のプレス成型品である。　　　　Ｐ：吉岡心平所蔵

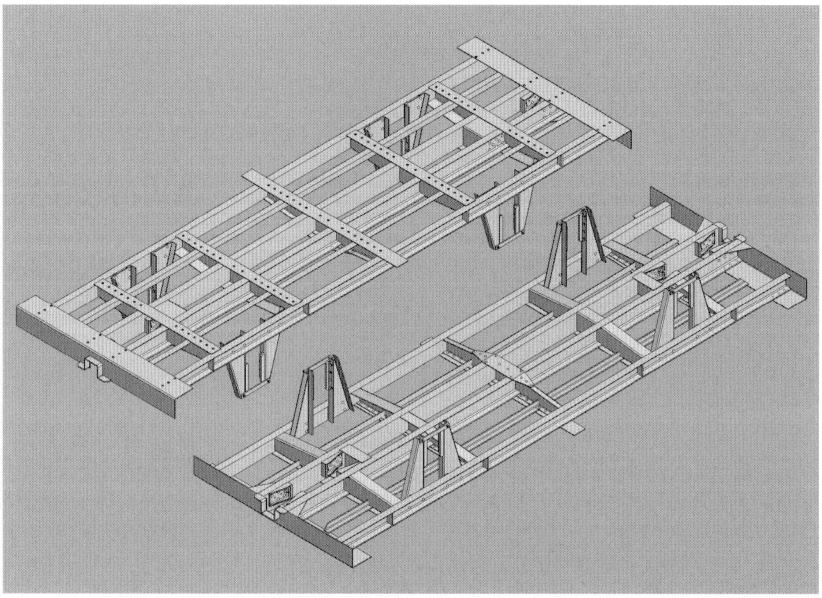

図3-8
トム11000形の台枠構造
側梁は180×90溝型鋼、中梁は250×90溝型鋼、端梁と横梁は厚さ９mmの鋼板を成型したものである。
横梁は側梁／中梁とは溶接、上面の当て板とは鋲接組立としたが、台枠下面の溶接部に亀裂が多発したため、更新修繕では該部にトム50000形のものに似た当て板を追加した。　　　作図：吉岡心平

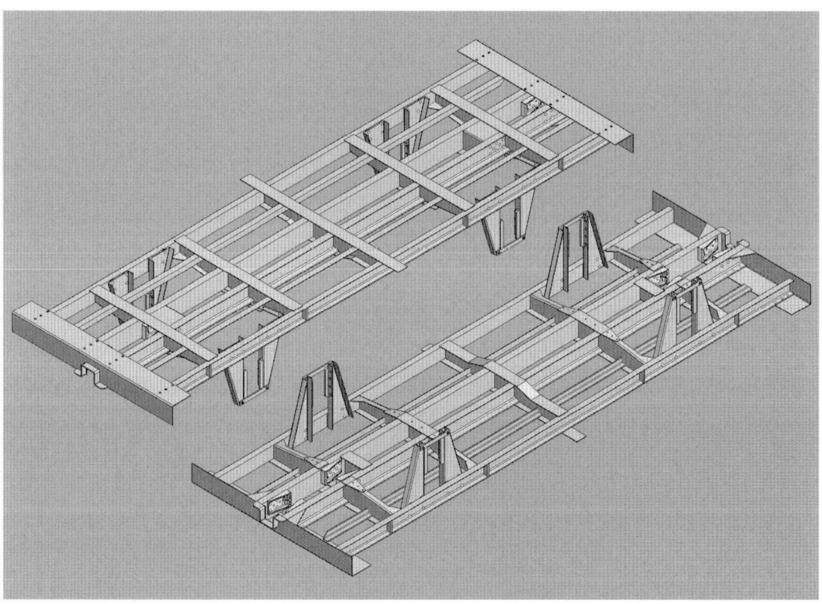

図3-9
トム50000形の台枠構造
側梁は180×75溝型鋼に細くなり、中梁は250×90溝型鋼、端梁と横梁は厚さ９mmの鋼板を成型したものである。
横梁は従来は鋲接だった上面の当て板を溶接組立に変更し、代って横梁と中梁の接合部には下面に鋲接の当て板を新設している。
作図：吉岡心平

3.7　トム50000形

●誕生の経緯

トム11000形の台枠構造を変更した形式で、トム19000／11000形がワム23000形に対応するのに対し、本形式はワム50000形に相当する無蓋車である。

●車歴

1945～1948年度にトム50000～56789の6,790両が貨車メーカー各社で製作された。なお最終分の135両は製造中にトラ20000形の簡易改造形に改造されトラとして落成したため、正式にトムとなったのは戦後の復元改造後である。この後に私鉄買収車17両があるため、最終番号は56806となった。

●仕様

荷重、車体寸法はトム11000形と変らない。

●上回り

車体部分はトム11000形と同一設計で、アオリ戸は前後二分割式で長さ3,531×高さ850mmの４枚側、妻板も床面高さ1,150mmで頂部は山形である。

床面は250×60mm断面の木板を並べた木製床だが、入手困難な場合は200×60mm断面でも代用可能とした。妻柱は当初トム11000形と同じプレス成型品を用いたが、C断面ではボルト締付時に工具が干渉する欠点があり、1941年初め頃からZ断面の新型妻柱に設計変更した。

●下回り

トム11000（＝19000）形の台枠（図3-8）は初めて溶接を本格的に採用、横梁の組立は表面を鋲接、裏面を溶接としたが、本形式の台枠（図3-9）はこれと逆に表面を溶接、裏面を鋲接とした。また側梁は初期製作分はトム11000形と同じものを用いたが、途中から180×75溝型鋼にダウンサイズしている。

走り装置と装備品はトム11000形と同一である。

●トラ20000形への改造と戦時増積

トム11000形と同様に、1943年からトラ20000形17トン車（45ページ参照）に嵩上げ改造され、1944年度末では僅か62両に減った。改造方法に簡易改造と恒久改造の２種類がある点もトム11000形と同じである。

未改造車は戦時増積の対象となり第一次は荷重17トン、第二次では18トンに変更された。

●その後

トラ20000形の簡易改造車は1945年10月から復元工事が始まり、1948年度末両数は6,516両まで戻った。更新修繕工事はトム11000形に次いで1949～1952年度に施工されたが、途中で状態不良車は廃車とするよう方針が変更されたため、1950年度以降は毎年100両ペースで減少した。

ヨンサントウでは未改造の予定だったが、無蓋車の不足が著しかったため、1968年に延命工事を伴う２

表3-7　トム50000形の両数変遷

形式	年度末両数																						
	1940	1941	1942	1944	1945	1947	1948	1949	1950	1951	1952	1953	1954	1955	1956	1957	1958	1959	1960	1961	1962	1963	1964	1965
トム50000	3532	5690	5367	62	1524	5371	6516	6501	6488	6477	6472	6406	6437	6321	6162	6017	5729	5570	5440	5089	4908	4715	4039	3452

年度末両数														
1966	1967	1968	1969	1970	1971	1972	1973	1974	1975	1976	1977～8	1979～81	1982～4	1985
2727	2323	1330	1316	1090	1042	695	143	35	28	24	20	19	18	0

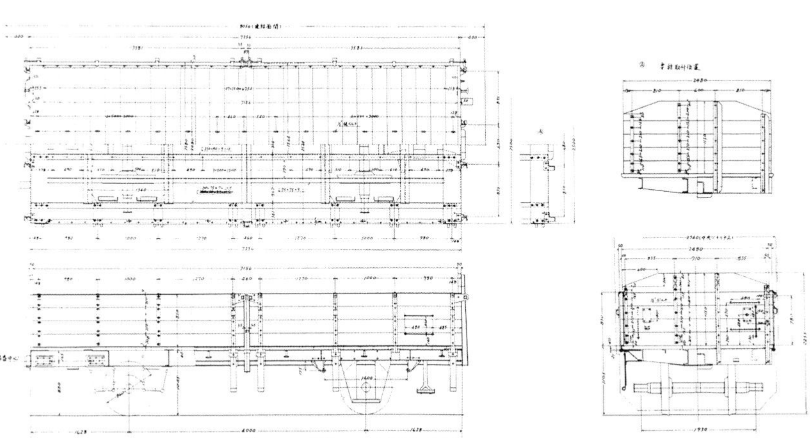

図3-10
トム50000形の組立図
図番はVB0123で作図は1940年4月。

段リンク化が国鉄工場で施行された。内容は台枠を解体して側梁を新品に交換する大規模なもので、1,330両が75km/h対応車として生き残ったが、1985年度に形式消滅した。

またリンク式で残った車両は、北海道内で使用するため、後述するトム150000形に改番された。

写真3-13
トム50000形53071
1940年10月新潟鉄工所製の前期形。
妻柱はトム11000形と同じＣ断面である。　P：吉岡心平所蔵

写真3-14
トム50000形55455
1941年８月帝国車両工業製の後期形。
妻柱が新形のＺ断面になった。
P：レイルロード所蔵

写真3-15
トム50000形51063
ヨンサントウで延命工事を受け、走り装置を２段リンク式に改造した車両で、同時に台枠側梁も新しいものに交換された。
写真では妻柱がＺ断面のものに交換されている。
1975年２月　安治川口
P：吉岡心平

3.8　トム150000形

トム50000形のうち、ヨンサントウ改正で走り装置を改造せずに最高速度65km/hのまま残った車両を区別するため1968年７月に形式変更したもの。

1968年度末では946両があり、番号は旧番号＋100,000に改めた。

外観と構造はトム50000形と全く変わらないが、規程に従って運用制限を示す黄帯を巻いている。

写真はRML232巻にトム153383、155872、RML237巻にトム155446が掲載されているのでお持ちの方は参照頂きたい。

㋺車として北海道内で限定使用されたが、1972年度で実質的に形式消滅した。

3.9 トム25000形

トラ20000形の新製車に更新修繕工事を施行する際、ちょうどトムが不足していたため、新形式のトムに改造したもの。1956年度に25000～25099の100両が国鉄工場でトラ20000形から改造された。

改造ではアオリ戸と妻構の高さをトム50000形と同寸に変更した。車体長さ7,300mm、軸距4,100mmは改造前と変わらない。

ヨンサントウでは㋺車となり北海道に封じ込められた。1968年度末では９両があったが、1970年度に形式消滅した。

表3-8　トム25000形の両数変遷

形式	年度末両数							
	1956～61	1962	1963～4	1965	1966	1967	1968～9	1970
トム25000	100	99	98	59	58	52	9	0

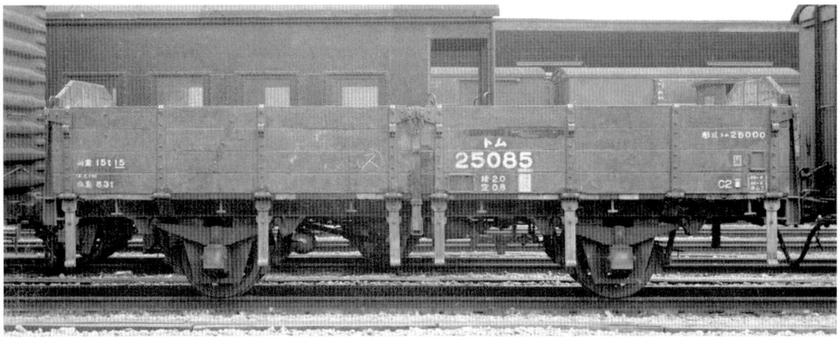

写真3-16
トム25000形25085
小型貨車の不足を補うため、トラ20000形の新製グループを更新修繕工事の施工時にトムに改造したもの。
当時は15トン積無蓋車が不足しており、トム60000形も同時期に製作されている。　P：鈴木靖人

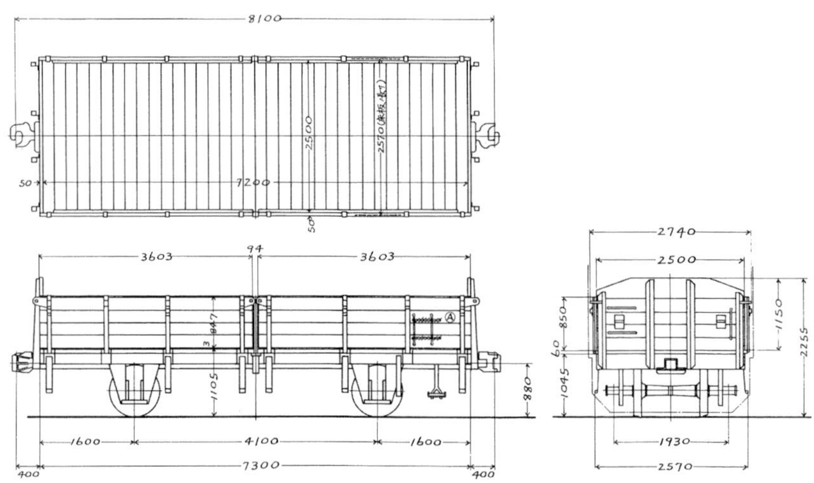

図3-11
トム25000形の形式図
図番はVD0884で作図は1957年3月。

3.10 トム4500形

●誕生の経緯

台湾総督府鉄道部の貨車は設計を国鉄が担当したため、国鉄形に構造が酷似していた。無蓋車は1943年頃からトム50000形を５枚側としたトタ50000形が製作された。ところが1944年製の車両は台湾に輸送出来ずに敗戦を迎えたため、戦後国鉄が購入したのがトム4500形である。

●車歴

1944年川崎製のトタ50000形50両を翌年国鉄が購入したもの。形式は短軸車のためトム5000より前の4500形とされ、番号は4500～4549となった。

●上回り

設計図は現車と内容が異なる。現車はトム50000形を嵩上げして５枚側とした設計だが、ヒンジ高さはトムと同位置のため、アオリ戸高さはトムとトラの中間で約920mmと思われる。その他の部分は1944年製のため、妻柱やアオリ戸の蝶番板はトラ6000形の戦時形とほぼ共通の作りとなっている。

●下回り

トム50000形の台枠を短軸向とした設計で、側梁間隔が狭いためアオリ戸直下にある長土台受は山形鋼を用いて強化している。

走り装置では軸箱守が戦時形の形鋼組立品となっている。下作用式の連結器と一本輪バネ式の緩衝器は共に台湾の標準品をそのまま使用した。

●その後

汎用無蓋車として他形式と共通に使用したが、緩衝器など特殊な部品は保守に難渋したようだ。ヨンサントウでは㋺車となり北海道に封じ込められ、1968年度末では３両が残ったが、1970年度に形式消滅している。

表3-9　トム4500形の両数変遷

形式	年度末両数												
	1944~57	1958	1959	1960	1961	1962	1963	1964	1965	1966	1967	1968	1969	1970
トム4500	50	49	48	47	46	45	40	33	26	15	11	3	2	0

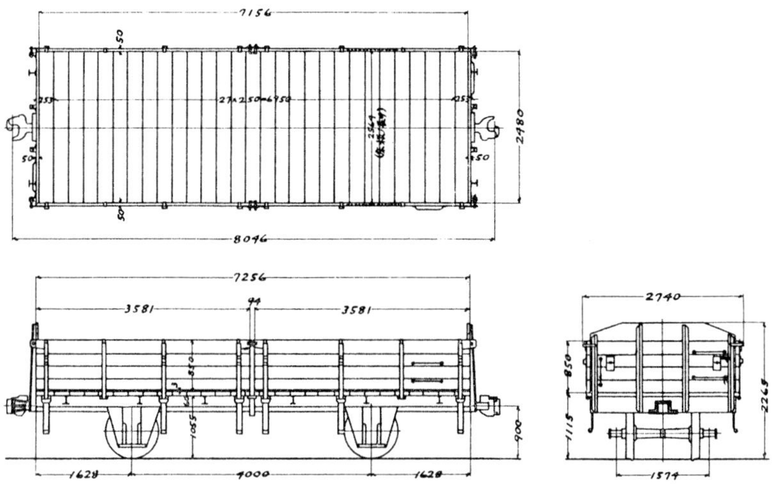

図3-12
トム4500形の形式図
図番はVD0682Wで作図は1941年8月。
内容はトタ16000形時代のもので、現車のトタ50000形とは、アオリ戸や妻構の枚数/高さが異なっている。

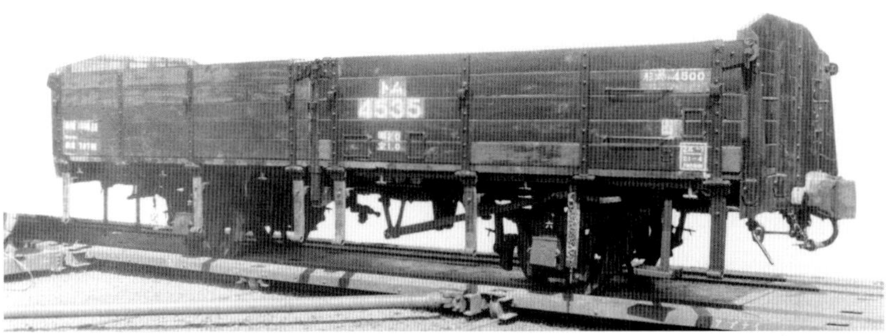

写真3-17
トム4500形4535
1946年４月川崎車両製。
製造時期の関係でトラ6000形の戦時形と類似点が多く、アオリ戸の取付ボルトは数が少なくなり、妻柱は不等辺山形鋼の切断品で、軸箱守も形鋼組立である。なお下作用の自動連結器は台湾の標準品。
P：吉岡心平所蔵

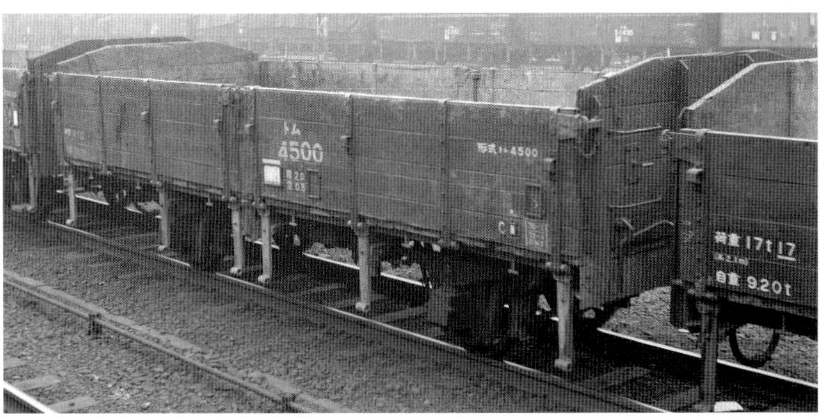

写真3-18
トム4500形4500
本形式のアオリ戸は他形式には無い特異な寸法だったため、写真のように保守には苦労したようだ。　P：鈴木靖人

3.11 トム 60000 形

●誕生の経緯

不況対策のため1956年度は小型車を増備することになり、有蓋車はワ、無蓋車ではトムを計画した。これにより誕生したのがトム60000形で、最初から２段リンク式走り装置を装備した唯一のトムとなった。

●車歴

1956年度に60000～60599の600両が国鉄工場で製作された。前半200両はトキ900形の改造名義だが、実態は一部部品の流用に留まっている。

●仕様

車体の内法寸法は長さ7,200×幅2,480×アオリ戸高さ850mmで、床面積は17.9m^{2}であった。

●構造

車体はトム50000形とトラ35000形の折衷で、アオリ戸高さとヒンジ位置はトムと同じだが、長手方向の配置はトラと同じである。

台枠はトラ35000形と酷似した構造で、軸距も4,300mmに伸びた。走り装置と装備品は全てトラ35000形と同一である。

●その後

トム25000形100両と合せて、観音トム３形式の老朽廃車700両を補充する形となった。本格的な淘汰は1973年度に始まり、晩年は事業用車代用車となるものが多かったが1985年度に形式消滅した。

表3-10　トム60000形の両数変遷

形式	年度末両数																
	1956~69	1970	1971	1972	1973	1974	1975	1976	1977	1978	1979	1980	1981	1982	1983	1984	1985
トム60000	600	599	594	589	429	281	261	117	34	27	23	19	18	7	6	4	0

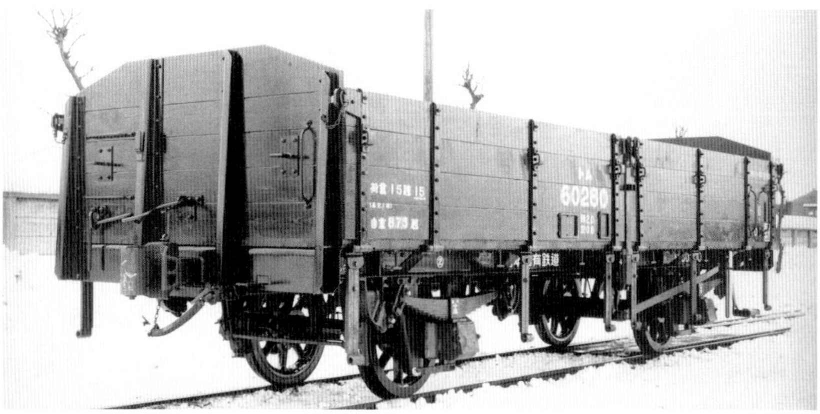

写真3-19
トム60000形60280
15トン無蓋車不足のため製作されたトムの最終形式。
一言で言ってトラ35000形のトム版で、トムでは唯一落成時から２段リンク式走り装置を装備している。　P：吉岡心平所蔵

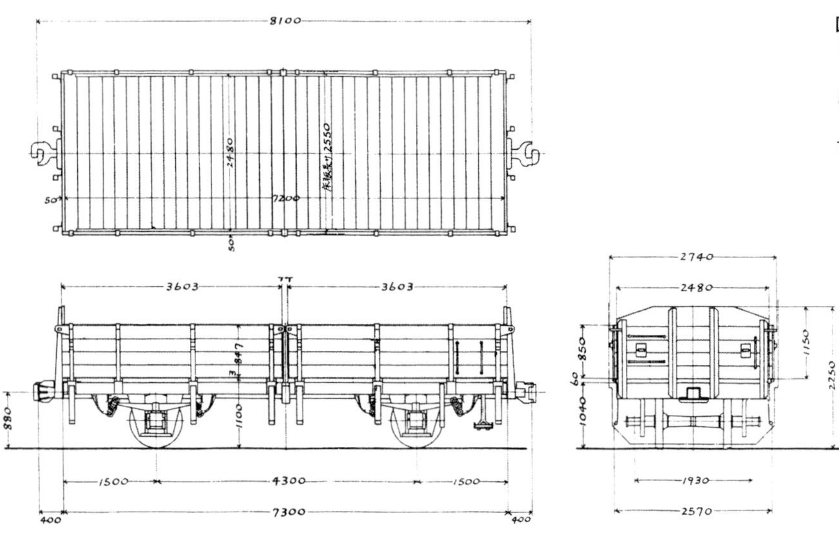

図3-13
トム60000形の形式図
図番はVD0886で作図は1956年5月。
台枠以下はトラ35000形と同じである。

４．トラ

「トラ」は荷重17～19トンの無蓋車で、国鉄には表1-7と1-8に示す21形式が在籍したが、本書では制式14形式を解説することとし、上巻ではこのうち7形式を取り上げる。

4.1　トラ１（ト35000$^{\mathrm{M44}}$）形

●誕生の経緯

大正時代に量産された「観音トム」は側面が全開しないため、木材や車両の輸送には適さなかった。この欠点を解消すべく開発されたのが本形式で、陸軍省からの要請が直接の契機とされる。

●仕様

1925年から用いられた基本12トン長軸を負担力一杯まで用いることで、二軸車初の荷重17トンを実現し、荷重は大17/小15/石炭17トンとなった。

車体の内法寸法は長さ8,130×幅2,480×アオリ戸高さ850mmで床面積は20.2m^2であった。

観音トムの車体断面は内法幅2,200mm×側板高さ1,000mmだが、幅方向を制約していた観音開きの側扉を廃止することで幅を拡大、これによりアオリ戸を低くすることに成功した。

●車歴

1928～1931年にトラ１～3400の3,400両が汽車・川崎・新潟など各社で製作された。トラ１～1000は「大改番」以前に落成したため、ト35000$^{\mathrm{M44}}$形35000～35999の旧番号を持つ。

この後に私鉄買収車や２車現存車の書替車が存在するため、最終番号は3429である。

●上回り

鉄道国有化後の新製無蓋車で初めて、側面を前後２分割のアオリ戸とした。

アオリ戸は長さ3,985×高さ850mm、幅210×厚さ50mm断面材の４枚側である。なお前後アオリ戸の中間には254×89溝型鋼を用いた側柱が台枠に固定されているため、厳密には総開きにはならず長尺貨物の荷役に支障した（48ページの写真4-17参照）。

妻構は観音トムと同様上辺を山形とし、床面から上辺までの高さは1,130mm、妻柱と隅柱は山形鋼製である。

●下回り

台枠はワム21000形と同時代の作で、中梁は254×89、側梁は152×76溝型鋼を使用、端梁は溝型鋼の加工品、横梁と軸箱守はプレス成型品とした点は両者同一である。いっぽう台枠の長さは8,230mmとワムより1,200mm長くなったため、横梁は中央に１本追加して５本とした。軸距は4,200mmでワムより300mm長い。

走り装置はリンク式、担いバネは６種、車軸は基本12トン長軸であった。装備品で連結器は柴田式上作用、緩衝器は丙種引張摩擦式、空気ブレーキはKC180形、留置ブレーキは片側テコの引棒式、基礎ブレーキは車軸両脇に縦テコがある新形で、これらはこれ以降のトム／トラの標準となった。

図4-1
トラ１形の組立図
図番はVA0032。

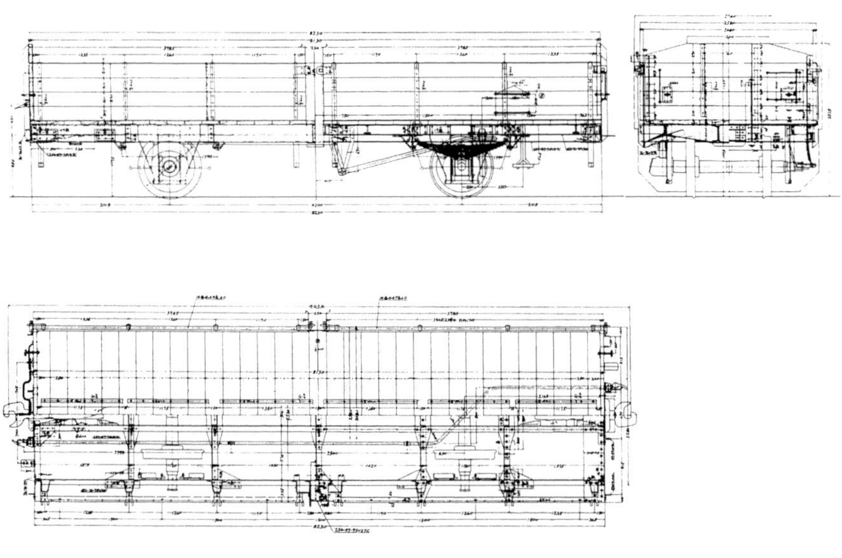

表 4-1　トラ１形の両数変遷

形式	年度末両数																					
	1929	1930	1931～2	1933	1934	1935	1936～7	1938	1939～40	1941～2	1944	1945	1947	1948	1949	1950	1951	1952	1953	1954	1955	1956
トラ１	2799	3271	3397	3395	3393	3387	3386	3368	3367	3365	3375	3278	3205	3174	3158	3136	3117	3088	3077	3038	2816	2587

年度末両数												
1957	1958	1959	1960	1961	1962	1963	1964	1965	1966	1967	1968～82	1983
2261	1124	751	605	372	251	200	284	28	19	5	2	0

●戦時増積

第一次の増積では対象外だったが、第二次は荷重１トン増の18トンに指定された。

●その後

1938年の海外供出では少数が対象となり、中支に18両が供出された。

1945年度末では3,278両とほとんどが在籍していたが、戦時中の酷使が響いた形式で、特に板バネの不良が著しかった。

更新修繕工事は1949～1952年度に当時在籍していた3,088両全てに施行された。本格的な廃車は1955年度から始まり、10年後の1965年度末には28両に減少、ヨンサントウでは㋺車となり北海道に封じ込められたが、1968年度末で実質的に形式消滅した。

写真4-1
ト35000^{M44}形35675
(後のトラ１形676)
1928年１月川崎車両製で、「大改番」の４ヶ月前に落成している。
Ｐ：吉岡心平所蔵

写真4-2
トラ１形2113
1929年２月新潟鉄工所製。
Ｐ：吉岡心平所蔵

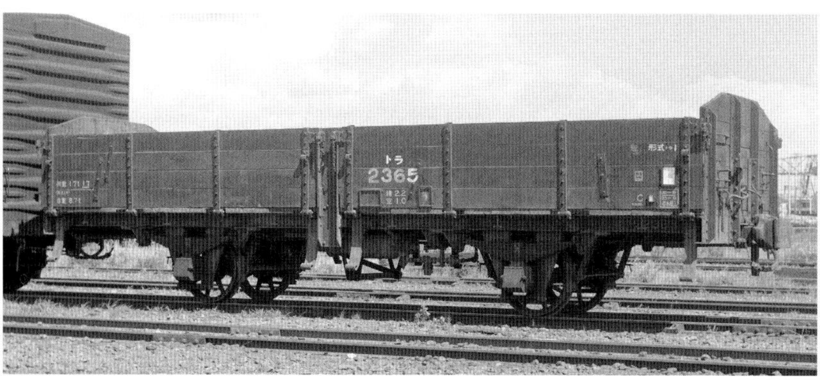

写真4-3
トラ１形2365
昭和30年代半ばの撮影で、更新修繕工事を施行後の姿だが、これといった変化は見られない。
Ｐ：鈴木靖人

4.2 トラ4000形

●誕生の経緯

1938年以降はトムとトラを並行して製作することになり、トム19000形に対応する鋼製車体のトラとして開発されたのが本形式である。

●車歴

1938〜1941年にトラ4000〜4749の750両が日車支店だけで製作された。この後に私鉄買収車と2車現存の書替車があるため最終番号は4760である。

●仕様

荷重は大17／小15／石炭17で、車体の内法寸法は長さ8,130×幅2,480×アオリ戸高さ850mm、床面積20.2m^{2}と全てトラ1形と同値であった。

●上回り

基本構造はトム19000形に酷似し、アオリ戸は前後二分割式で寸法は長さ4,068×高さ850mmとトムより380mm長く、板厚3.2mmの含銅鋼板を鋲接主体で組立てた。妻構、床板、そして取外し可能とした側柱は全てトム19000形と同一である。

アオリ戸の形状により上枠が直線の前期形と、下向き魚腹形の後期形に分かれる点もトムと同様で、前期形はトラ4000〜4099の100両と思われる。

●下回り

台枠長さは8,136mmでトラ1形の8,230mmより94mm短いが、これは鋼製化で妻板が薄くなったことが原因である。その他の諸点(梁断面：中梁250×90、側梁180×90溝型鋼、軸距4,200mm、床面下に床受梁を追加)はトム19000形と同一である。

走り装置と装備品は全てトラ1形と同一であった。

●戦時増積

戦時増積は第二次で荷重18トンとなった。増加の幅が僅か1トンと少ないのは、トラは元々の車軸負担力が限度一杯のためである。

●その後と更新修繕工事での木体化

1945年度末では756両と大半が健在であった。

更新修繕工事はトム19000形に続いて1951〜1953年度に実施され、トムと同様に車体の鋼製部分を木体化した。当時在籍していた735両全車が対象だが、トムと異なり改造後の形式／番号は改造前と変更されなかった。

改造後は内法寸法が長さ8,036×幅2,480×アオリ戸高さ850mmと妻板の木製化で長さが100mm短くなり、床面積も19.9m^{2}と0.3m^{2}縮小した。

外観はトラ1形風になったが、アオリ戸の蝶番板が一本多いため見分けるのは簡単である。妻構の頂部高さは鋼製時代の1,150mmに合わせたため、トラ1形

表4-2　トラ4000形の両数変遷

形式	年度末両数																					
	1938	1939	1940〜2	1944	1945	1947	1948	1949	1950	1951	1952〜5	1956	1957	1958	1959	1960	1961	1962	1963	1964	1965	1966	1967
トラ4000	100	330	750	758	756	745	741	739	738	737	736	735	734	696	685	661	517	477	447	273	216	194	74

年度末両数			
1968	1969	1970〜82	1983
48	36	2	0

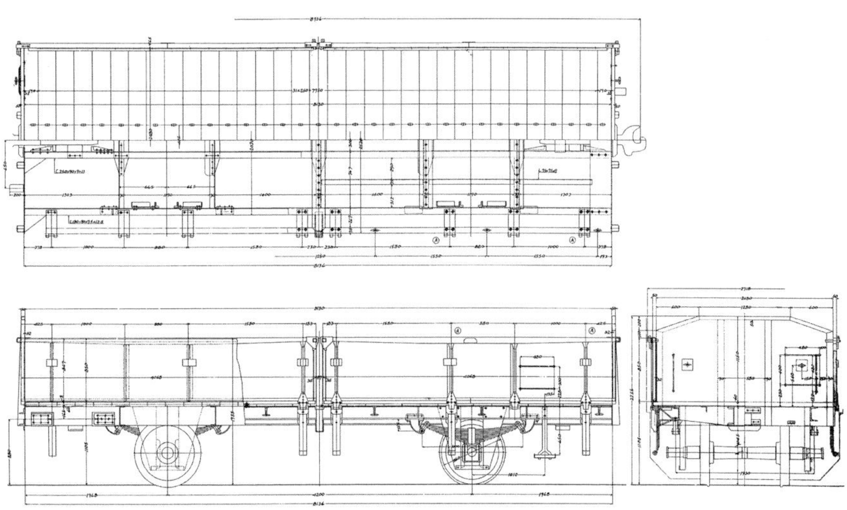

図4-2
トラ4000形(後期形)の組立図
図番はVB0116で作図は1938年3月。
アオリ戸上枠が魚腹形となっているのが後期形の識別点。

より20mm高い。妻柱は正規のＺ断面プレス品を用いたものや山形鋼の切断品で代用した車両など様々な種類があった。アオリ戸ヒンジの追加と位置変更により長土台受を移設したこともトムと同様である。

走り装置や装備品に特に変更は無かった。

●その後

改造後は汎用無蓋車の一員として活躍したが、両数が700両程と少ないため、トラ１形と6000形の間で影の薄い存在であった。

淘汰は1961年度から本格化し、ヨンサントウでは㋺車となり北海道に封じ込められた。1968年度末では48両が在籍したが、1970年度に実質的に形式消滅した。

写真4-4
トラ4000形4060
1938年10月日車支店製の前期形。
アオリ戸の上枠は直線状である。
P：レイルロード所蔵

写真4-5
トラ4000形4280
1940年３月日車支店製の後期形。
アオリ戸上枠が魚腹形に強化されている。
P：吉岡心平所蔵

写真4-6
トラ4000形4025
更新修繕工事で車体を木体化した後の姿。木製アオリ戸には鋼製時代のヒンジ位置では間隔が空き過ぎるため、車体中央寄にヒンジを追加した。
P：鈴木靖人

4.3　トラ 5000 形

●誕生の経緯

日中戦争の進展で長尺物の輸送が増加したため、トラ4000形より車体を長くした無蓋車を開発することになり、1940年度計画のトラ400両中150両を新形式とした。これがトラ5000形式で、後に「長トラ」と称する大型無蓋車群の嚆矢となった。

●車歴

1941年にトラ5000〜5149の150両がトラ4000形と同じ日車支店で製作された。第一号車の落成はトラ4000形の最後から僅か2ケ月後である。

●仕様

荷重は17/石炭17トン、車体の内法寸法は長さ8,650×幅2,450×アオリ戸高さ800mm、床面積は21.2m^{2}である。トラ4000形と比較すると床面積は5%増だが、断面積は内法幅を30mm、高さを50mm縮小してトラ4000形の8%減とした。

軸距は建設規程が定める固定軸距の上限である4,600mmまで延長した。

●上回り

車体構造はトラ4000形に酷似し、アオリ戸は前後二分割式で寸法は長さ4,328×高さ800mm、板厚3.2mmの含銅鋼板製で組立は鋲接主体であった。長さが長いため縦柱とヒンジはトラ4000形より一組多くなり、アオリ戸上枠は最初から下向き魚腹形に強化されている。妻構はトラ4000形と同じ全溶接組立だが、アオリ戸に合わせて床面からの上辺高さは1,100mmと50mm低くなった。木製の床板、そして取外し可能の側柱はトラ4000形と同一である。

表4-3　トラ5000形の両数変遷

形式	年度末両数						
	1940	1941〜5	1946	1947〜9	1950	1951	1952	1953
トラ5000	75	150	148	147	146	61	5	0

●下回り

台枠長さは8,656mm、軸距4,600mmである。

走り装置と装備品はトラ4000形と同じだが、床下艤装の関係でブレーキシリンダの向きが前後逆となった。これは後継形式のトラ6000形にも踏襲され、所謂「長トラ」の特徴となっている。

●戦時増積

他のトラと同様、第二次で荷重18トンに指定された。

●その後

車体の木体化を含む更新修繕工事はトラ4000形と並行して1951〜1953年度に当時在籍した146両に施行された。改造後は後継のトラ6000形に編入され、番号も旧番号+10,000に改番された。1953年度の改造終了により形式消滅した。

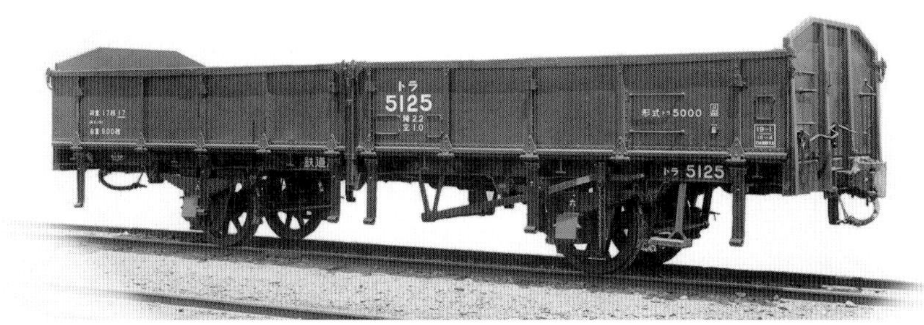

写真4-7
トラ5000形5125
1941年4月日車支店製。
P：吉岡心平所蔵

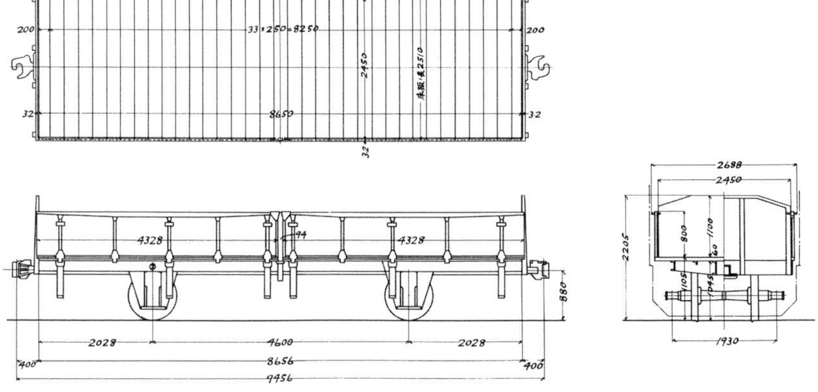

図4-3
トラ5000形の形式図
図番はVD0620で作図は1940年9月。車体長さはトラ4000形より520mm長くなった。

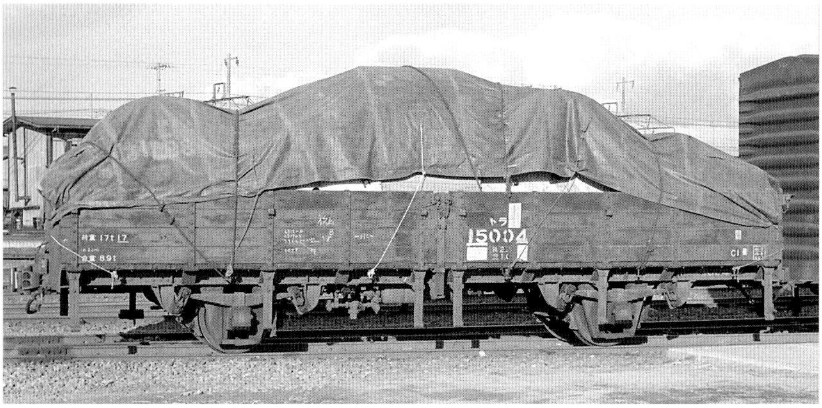

写真4-8
トラ6000形15004
旧トラ5004で更新修繕工事で木体化を受け、トラ6000形に編入された後の姿。その後ヨンサントウで延命工事を受け、走り装置は2段リンク式に改造されている。
1973年1月　浪速
P：堀井純一

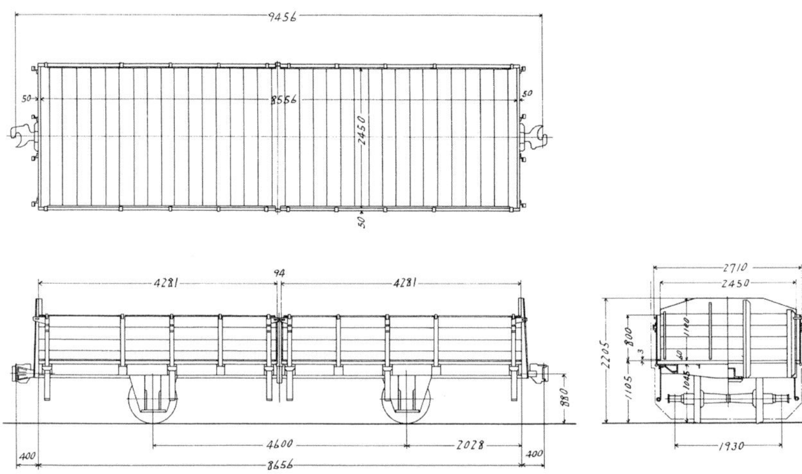

図4-4
トラ6000形（トラ5000形改造車）の形式図
図番はVD0852で作図は1946年11月。

4.4　トラ 6000 形

トラ6000形には製造時期と経歴によりさまざまなグループがあるため、本書では以下の順に解説する。

4.4.1　戦前形
4.4.2　戦時形
4.4.3　トラ3500形改造車
4.4.4　戦後形

またトラ5000形改造車はトラ5000形の項（本書39ページ）で、トムフ１形改造車とトキ66000形復元車は本書下巻でそれぞれ解説する。

4.4.1　戦前形

●誕生の経緯

鋼材使用量を削減するため、トラ5000形の車体部分を木製とした形式である。

●車歴

トラ6000…9519（欠番あり）の3,342両が、1941～1942年度に汽車東京、日車本支店、川崎、田中、帝国、日立、新潟で製作された。時期的にはトム50000形に対応するトラとして製作されたことになる。

欠番の発生理由は1942年度分の製作途中で戦時型に設計変更した際、戦時形は番号を10000番代として区別したためである。

●基本仕様

トラ5000形のアオリ戸と妻構を木製に変更した設計で、荷重は17/石炭17トン、車体の内法寸法は長さ8,650×幅2,450×アオリ戸高さ800mmで、床面積は$21.2m^2$とトラ5000形に合わせた。

台枠長さは妻板厚さの増加を考慮して8,750mmに伸ばしたが、軸距は建設規程の制限により4,600mmに据え置かれた。

●上回り

車体構造は同時期に製作されたトム50000形と共通点が多く、アオリ戸は前後二分割式で寸法は長さ4,328×高さ800mm、側板は200×50断面の４枚側と

表 4-4　トラ 6000 形の両数変遷

形式	年度末両数																							
	1941	1942	1944	1945	1947	1948	1949	1950	1951	1952	1953	1954	1955	1956	1957	1958	1959	1960	1961	1962	1963	1964	1965	1966
トラ6000	600	3482	5135	5105	5042	5015	5009	5442	5525	5578	5856	6447	6406	6342	6300	6100	5971	5844	5545	5352	5144	4426	3934	3181

年度末両数												
1967	1968	1969	1970	1971	1972	1973	1974	1975	1976〜8	1979	1980〜2	1983
2715	1905	1898	1774	1661	1026	147	20	17	5	3	2	0

した。妻板も厚さ50mmの木製で、周囲形状をトラ5000形に合わせたためトムより幅が30mm狭く頂部が50mm低い。妻柱はトムと同じ厚さ８mmの鋼板をＺ断面にプレス成型したものである。

●下回り

台枠長さ8,750mm・軸距4,600mmは戦前製の２軸貨車として最大級であった。

基本構造は図4-7に示す通りトム50000形に酷似し、中梁は250×90、側梁は180×75溝型鋼、床受梁は75×75山型鋼、５本ある横梁と両端の端梁は厚さ８〜９mmの鋼板をプレス加工したもので、これらを溶接主体で組立てた。

走り装置や装備品はトラ5000形と同一で、基礎ブレーキの構造もこれと同じとしたため、ブレーキシリンダの向きがトムと前後逆になっている。

●トキ66000形への改造と戦時増積

戦争中の輸送力増強のため、1943〜1945年にかけて6007…9516の468両がトキ66000形28トン積３軸無蓋車に改造された。改造の詳細は本書下巻をご覧頂きたい。

その他の車両は第二次の戦時増積の対象となり、荷重が１トン増の18トンとなった。

なお戦後の動向は全グループで共通のため、最後にまとめて記述する。

4.4.2　戦時形

●誕生の経緯

1942年中頃に鋼板の使用量削減を目的とした設計変更が行われた。具体的には台枠部材のうち横梁、端梁、軸箱守など厚さ８〜９mm鋼板のプレス加工品を既製の型鋼を加工したもので置換えるものであった。

これらの鋼板は船舶の船体に使用されるため、こちらを優先する意図があったものと思われる。

このような設計変更は本形式以外にもチキに実施され、皮肉な事に台枠強度は従来よりも向上したようで、戦後の更新修繕工事でも変更することなく使用されている。

●車歴

1942〜1943年度にトラ10000〜12179の2,180両が、戦前形と同じ８社で製作された。

●上回り

各部の寸法は戦前形と同一だが、床板は良材の入手難を考慮して従来の幅250×厚さ60mmに代えて幅200×厚さ60mmも使用出来るようにした。これ以降設計された無蓋車は全てこの設計を踏襲している。

妻柱はＺ断面のプレス成型品を止め、不等辺山型鋼を切断加工したものに変更した。アオリ戸と蝶番板を固定するボルトはアオリ戸一枚当たり２本から１本に

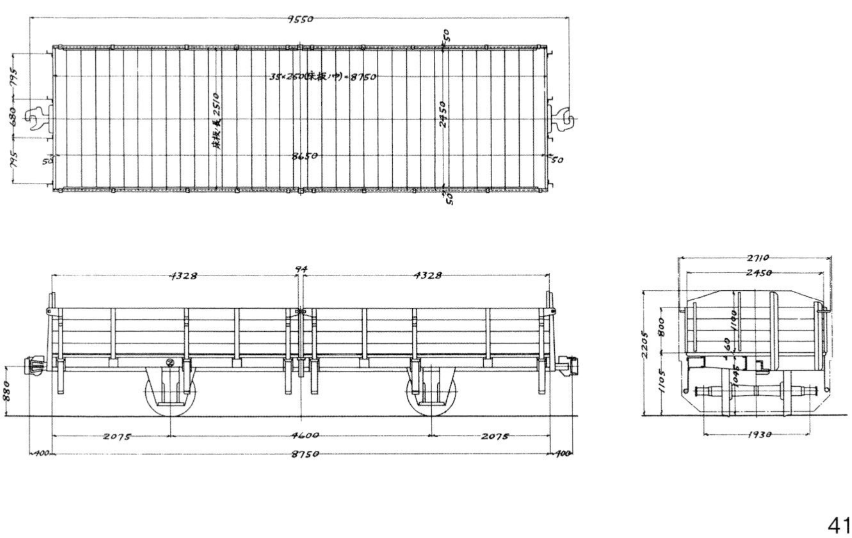

図4-5
トラ6000形の形式図
図番はVD0657で作図は1941年２月。

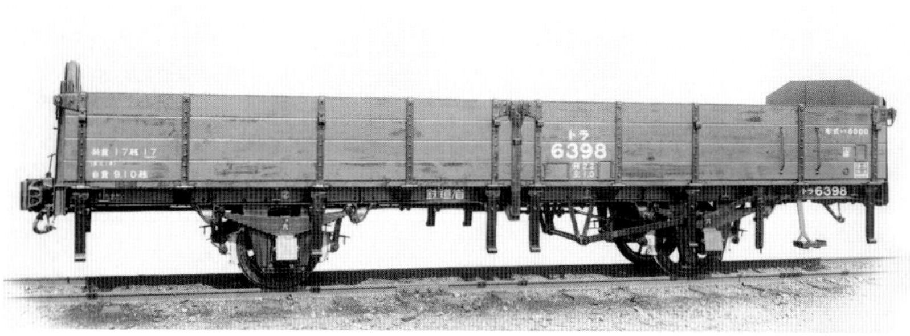

写真4-9
トラ6000形6398
1941年９月日車支店製。
戦前形で、これが標準となるスタイルだ。
P：吉岡心平所蔵

写真4-10
トラ6000形9237
1943年６月新潟鉄工所製。戦前形の最終グループで、戦時増積で荷重は18トン。木製部は標記場所以外は塗装を省略し、アオリ戸の固定ボルトは一部が省略されている。
P：吉岡心平所蔵

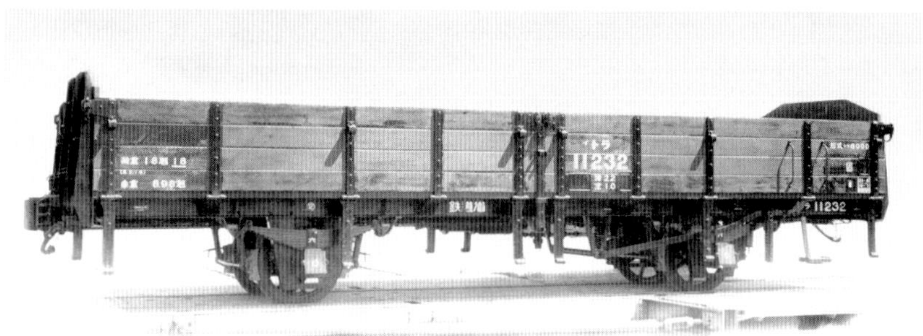

写真4-11
トラ6000形11232
1943年７月新潟鉄工所製。写真4-10から一月後の落成分は戦時形に移行し、台枠は形鋼使用のため端梁も溝型鋼となり、妻柱も形鋼の加工品となった。
P：吉岡心平所蔵

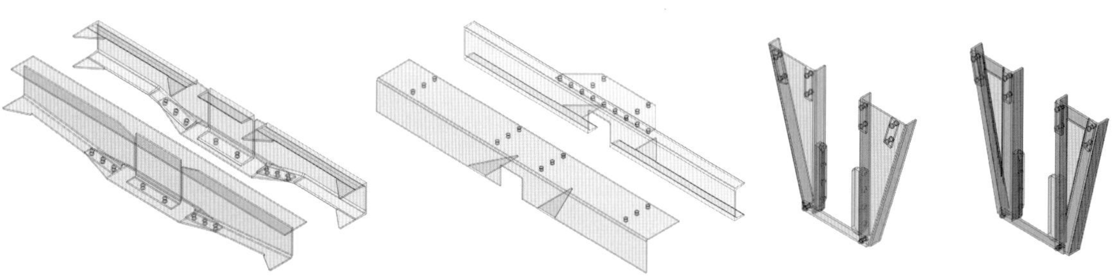

図4-6　戦前形と戦時形の構造比較　左から横梁、端梁、軸箱守で、いずれも手前が戦前形、奥が戦時形を示す。　作図：吉岡心平

削減した。車体の塗装は文字を標記する部分を除き、防腐処理のままとすることが出来るようにした。

●下回り

台枠構造は従来から大きく変わり、図4-6に示すように横梁と端梁、そして軸箱守は従来のプレス成型品から新設計の型鋼加工品に変更された。なお軸箱守は図示したもの以外にも不等辺山型鋼から組立てたものや、従来のプレス成型品を装備した例もある。

走り装置と装備品は戦前形と同一であった。

●トキ66000形への改造と戦時増積

トキ66000形への改造は８両と少数だったが、改造後の番号は旧番号＋60,000とはせず、旧番号とは無関係に戦前形改造車の最後である69519に続く69520〜69527に改番された。

戦時増積の取扱いは戦前形と同一である。

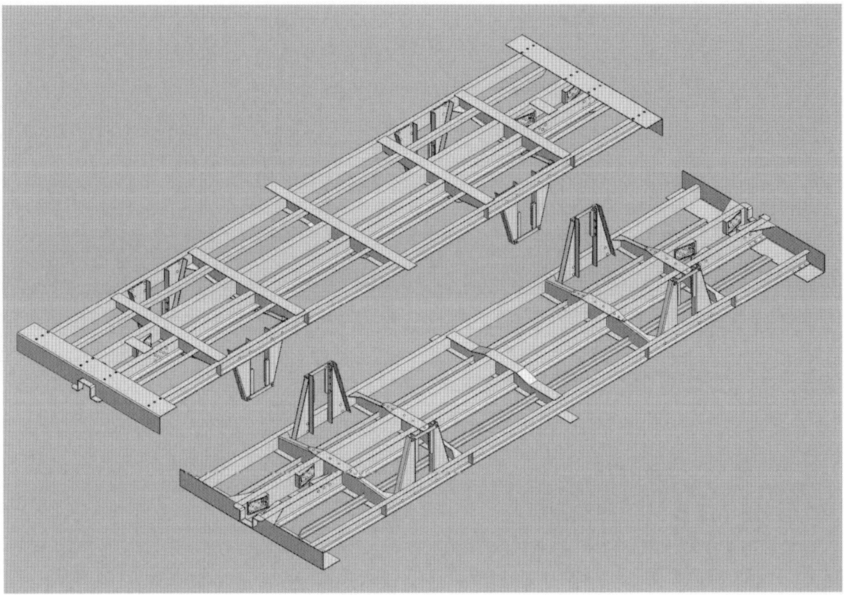

図4-7
トラ6000形(戦前形)の台枠構造
側梁は180×90溝型鋼、中梁は250×90溝型鋼、端梁と横梁は厚さ９mmの鋼板を成型したもので、各々の構造はトム50000形のそれと酷似していた。
作図：吉岡心平

4.4.3 トラ 3500 形改造車

トラ12182の僅か１両で、1954年国鉄郡山工場でトラ3500形3502から改造された。

樺太庁では1942年度にトラ6000形と同一設計の貨車をトラ3500形として増備することとし、1943年３月日車支店で40両が落成した。

図4-8に形式図を示すが、樺太の鉄道は連結器高さが低いため、この部分の構造が異なること以外は、トラ6000形と同じと言って良いだろう。

落成後はこのうち38両は無事樺太に渡ったが、本土に残された２両は国鉄籍となり、１両は特別廃車の犠牲となったが、これを免れたトラ3502を更新修繕工事に合せてトラ6000形に改造／編入したものである。

4.4.4 戦後形

●誕生の経緯

戦後の無蓋車は、1949年度からボギー無蓋車トキ15000形が製作され、劣化が激しかった全鋼製車は更新修繕工事で新車並みに更新された。

1953年度にはこれらの修復工事も一段落したため、1954年度には戦後初の２軸無蓋車としてトラ6000形を増備することになった。

●車歴

1954年度にトラ12183～12782の600両が貨車メーカー８社で製作された。

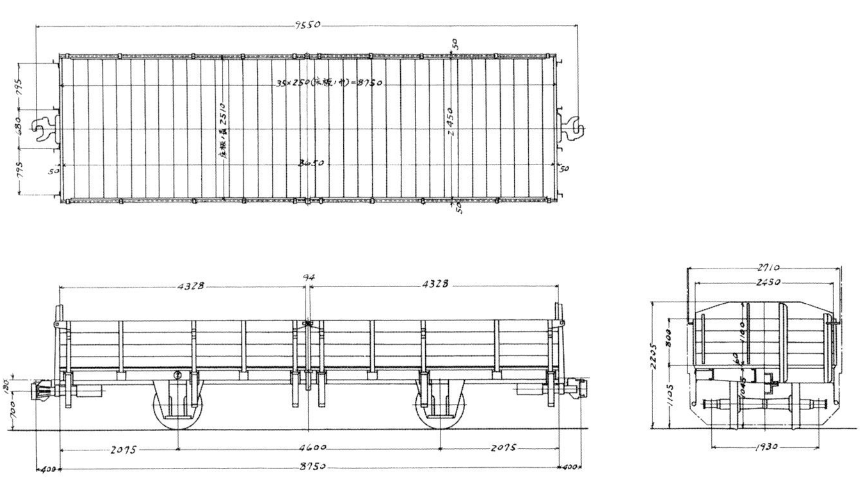

図4-8
トラ3500形の形式図
図番はVD0694Hで作図は1942年6月。
樺太の鉄道は自連中心高さがレール面上700mmと低いため、台枠の下に自連緩衝器を吊り下げたような構造となっている。

●車体

戦前形を忠実にコピーしたもので、仕様は荷重は17/石炭17トン、内法寸法は長さ8,650×幅2,450mm、床面積は21.2m^{2}と全て同一であった。

上回りは戦前形と同一だが床板は戦時形と同じ200×60mm断面の木板を使用した。

下回りも戦前形と同じで、台枠の端梁と横梁、軸箱守そして妻柱はすべて鋼板プレス成型品に戻ったが、細部は強度向上のため設計変更されている。

●その後

1945年度末では5,105両が在籍していた。1950年度にはトキ66000形の復元車442両、1951～1953年度にはトラ5000形改造車147両、そして1953年度にはトムフ1形改造車280両が加わり、最終番号は15430となった。

更新修繕工事は1954年度から始まり、在籍車全てに施行された。

ヨンサントウでは戦後形以外(他形式からの改造車も含む)は淘汰する予定だったが、無蓋車が不足したため、1968年に延命工事を伴う2段リンク化が国鉄工場で施行された。内容は台枠を解体して側梁を新品に交換する大規模なもので、約1,300両が75km/h対応車として生き残ったが、1983年度に形式消滅した。

またリンク式で残った車両は、後述するトラ16000形に改番された。

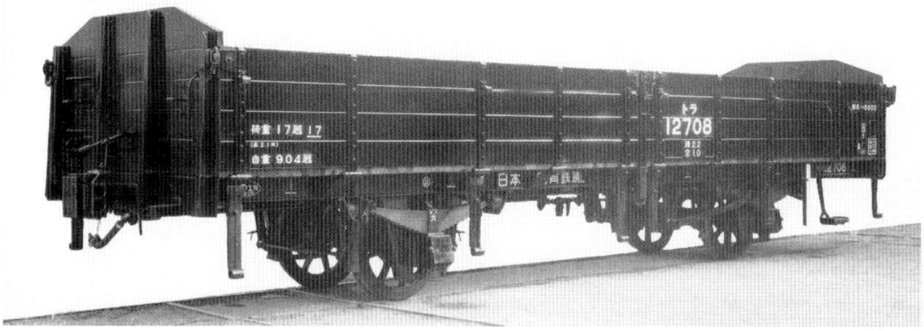

写真4-12
トラ60000形12708
1943年7月ナニワ工機製。
ナニワ工機は戦後から貨車製作に参加したメーカーである。外観では戦前形と見分けがつかない。
P：吉岡心平所蔵

4.5 トラ 16000 形

トラ6000形のうち、ヨンサントウ改正で走り装置を改造せずに最高速度65km/hのまま残った車両を1968年7月に形式変更したもの。

1968年度末では746両があり、番号は旧番号+10,000(トラ10000以降は+100,000)に改めた。

外観と構造はトラ6000形と全く変わらないが、規程に従って運用制限を示す黄帯を巻いた。

写真はRML232巻にトラ17119、111351が掲載されているのでお持ちの方は参照頂きたい。

改番後は北海道では㋺車、本州の特定線区では口車として限定使用されていたが、1970年度で実質的に形式消滅した。

4.6 トラ 20000 形

●誕生の経緯

トム50000形の後継に当る戦時形無蓋車で、トム並の長さで荷重を2トン増の17トンとした。

●車歴

1943年3～6月にトラ20000～20299の300両が日車本店と汽車東京で製作された。なお製作数が少数なのは、直後にトキ900形の超量産に移行したためである。

●仕様

荷重増と資材節約を両立するため、車体の長さはトム並だが側板高さを嵩上げして荷重を17トンに増した。このためアオリ戸高さはトムの850mmを17/15倍した965mmに変更した。

なお、戦争中の製作だが製造時期がトラ6000形戦時型より早いため、車体の鋼材部分の簡素化や鋼板プレス品の型鋼化は同形式より不徹底である。

●上回り

アオリ戸は前後二分割で、長さ3,603×高さ965mm、190×50mm断面の5枚側とした。妻板も同じものを用いて、山形部の床面高さを1,265mmに高めた。開扉時にアオリ戸上端が地面に接触するのを避けるため、ヒンジ位置をトムより56mm高くしたことから、外観上はヒンジと床板がほぼ同高となった。なお妻柱を不等辺山形鋼の加工品とした車両もあった。

●下回り

台枠長さはトムの7,256mmの端数を切り上げて7,300mmとし、軸距も4,100mmに延長した。走り装置と装備品は全てトムと同一である。

●トム改造車の編入と戦時増積

1942～1944年度に実施したトム11000／50000形の嵩上げ改造車を本形式に編入した。改造後の番号はトム11000形は旧番号プラス10,000、トム50000形は旧番号マイナス40,000としたため、本形式の番号は20000～20299, 21000～22730, 40000～46807と広範囲となり、1944年度末の両数は8,710両と新製車の約30倍に膨れ上がった。

4.6.1 トム恒久改造車

1942年度後半～1943年度中頃に実施された改造で、車体をいったん解体して容積をトラ20000形新製車並とするもの。具体的にはトム時代より車体を120mm嵩上げし車体幅を20mm拡大した。

アオリ戸と妻構の嵩上げは高さ120×厚さ50mm断面の木板の挿入で済んだが、車体幅の変更が曲者で、アオリ戸ヒンジを新製車と同位置に変更する大改造となった。下回りはトム時代のままである。

改造両数は不明だが、200両には達しなかったものと思われる。

1945年10月に出されたトラ20000形の復元指示では、新製車と恒久改造車はトラで残すため対象外としたが、間違ってトムに改番するものが多数発生した。

このため1949年度から恒久改造車をトラ20300…20460にまとめる改番を実施したが実際は不明な点が

表 4-5　トラ 20000 形の両数変遷

形式	年度末両数																
	1942	1943	1944	1945	1946	1948	1949	1950	1951	1952	1953	1954	1955	1956	1957	1958	1959
トラ20000	1610	8675	8710	6570	3220	428	441	454	458	456	453	450	441	37	35	23	0

写真4-13
トラ20000形20125
1943年日車支店製で、番号の標記はこれまでと同様に右アオリ戸にある。
P：園田正雄

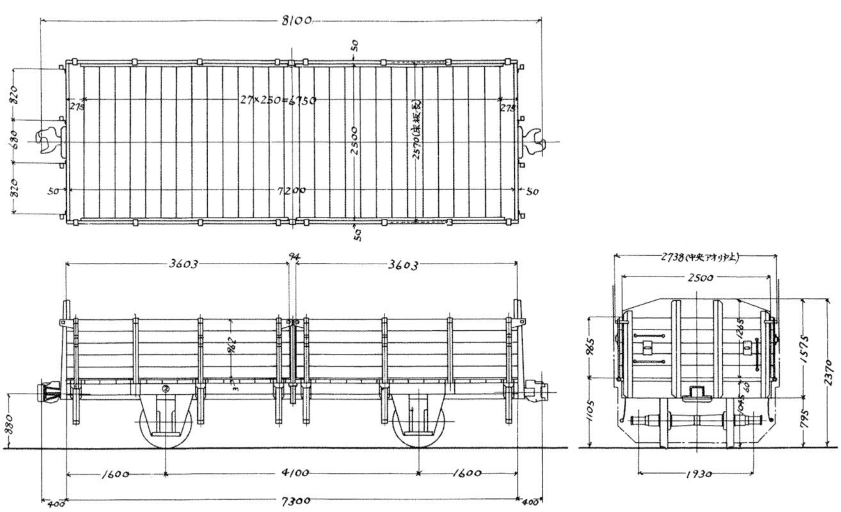

図4-9
トラ20000形（新製車）の形式図
図番はVD0692で作図は1942年4月。

多く、これが後日トラ23000形への再改番を行う原因となっている。

4.6.2 トム簡易改造車

1943年４月以降の改造車に適用した方法で、車体の解体を避けるため、車体幅はトムと同一として、従来のアオリ戸上に折畳み式の側板を一枚追加するもの。積荷による開扉はヒンジを内側にして防ぎ、開扉時はこれにより地面との接触を防止する。車体幅が同じ分の容積を稼ぐため、追加する側板高さは130mmと恒久改造車より10mm高くした。

特異な例としてトム50000形の最終製作分135両はメーカーで製作中に改造対象となり、トラ45940～45989，46505～46589として落成した。

コロンブスの卵のような珍改造だが、改造が容易なこともあり約8,200両のトムが暫定改造車となった。

とは言え元々無理のある改造であり、敗戦から２ヶ月後の1945年10月には早くもトムへの復元指示が出され、1945～1948年度の保守復元工事で当時在籍車のほぼ全てがトム11000／50000形に復元され、簡易改造車は姿を消した。

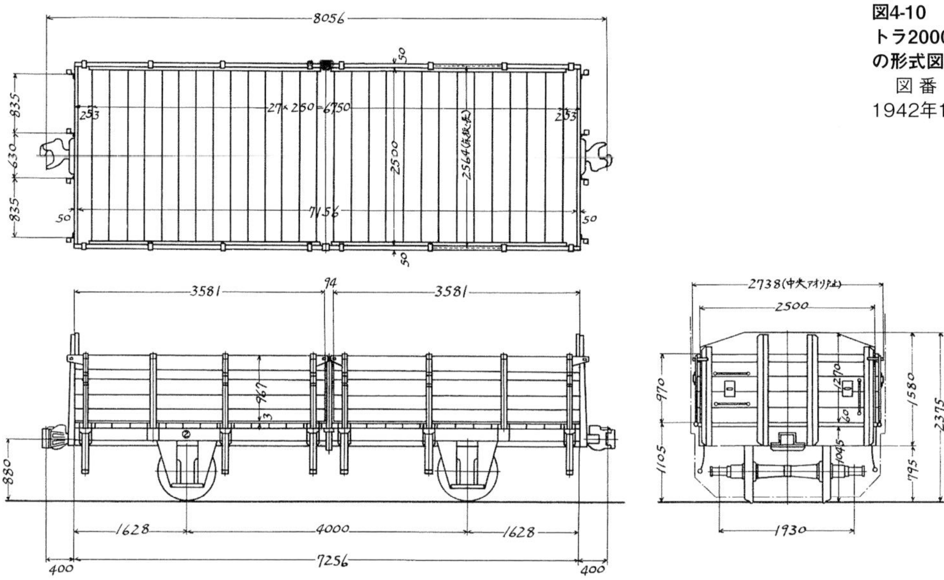

図4-10
トラ20000形（トム恒久改造車）の形式図
図番はVD0699で作図は1942年12月。

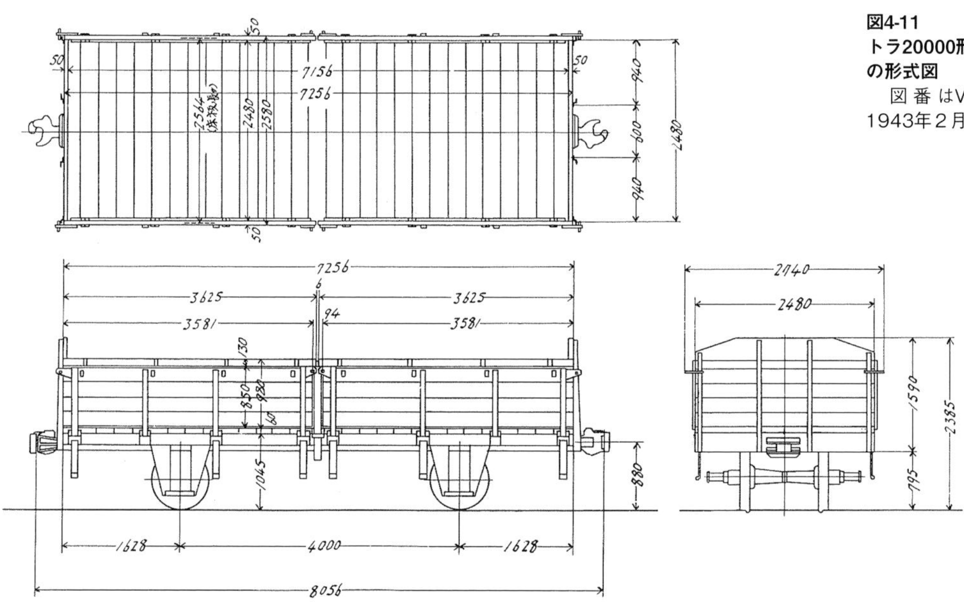

図4-11
トラ20000形（トム簡易改造車）の形式図
図番はVD0703で作図は1943年２月。

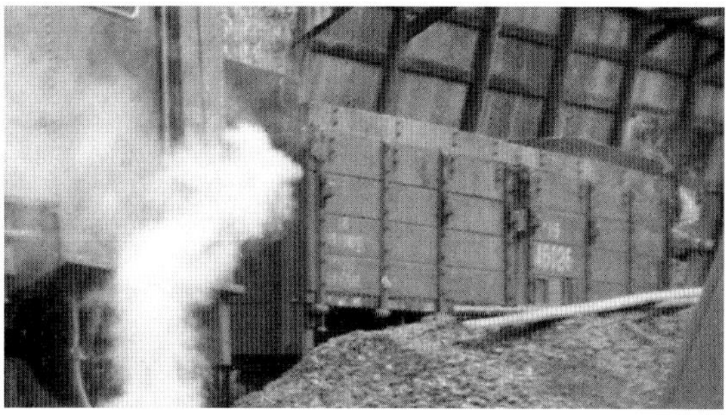

写真4-14　トラ20000形46026
トム50000形の簡易改造車で、アオリ戸最上部に追加された折畳部がはっきり判る。また荷重は戦時増積で18トンになっている。
P：園田正雄

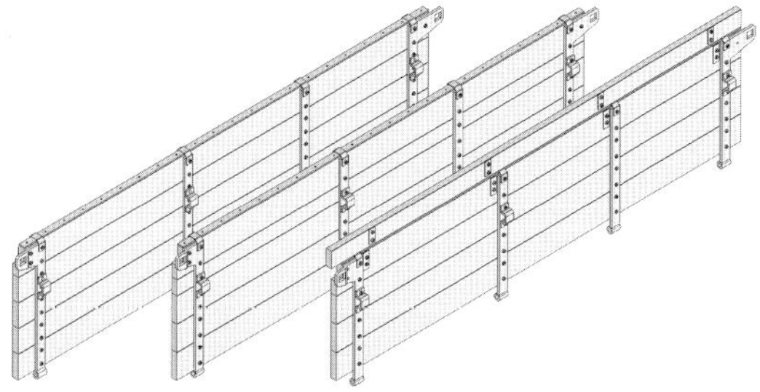

図4-12　トラ20000形のアオリ戸構造の比較　作図：吉岡心平
左から新製車(190mm５段)、本格改造車(210mm４段の間に120mmを追加)、そして簡易改造車(130mmの折畳部を最上部に追加)の構造を示す。

4.7　トラ23000形

トラ20000形が1949年度に実施した整理改番はかえって混乱を招いたため、1956年度に施行する更新修繕工事の際に新形式に改番して整理することになった。このため修繕後は新形式トラ23000形となり、新製車は23000～23182、恒久改造車は23183以降に区分された。

また同時にトラ35000形と共に複数荷重制度の対象形式(所謂「ᄀトラ」)に指定され、符号「コ」を標記した。

その後1964～1965年度には197両がチップ輸送用のトラ90000形に改造されたため、僅か15両が残るのみとなった。ヨンサントウでは㋺車として北海道封じ込めとなり、1968年度末では７両が残ったが、1970年度に実質的に形式消滅した。

表4-6　トラ23000形の両数変遷

形式	年度末両数													
	1956	1957	1958	1959	1960	1961	1962	1963	1964	1965	1966	1967	1968~9	1970~82	1983
トラ23000	292	283	264	254	238	233	228	221	17	15	14	9	7	1	0

写真4-15
トラ23000形23154
トラ20000形新製車を更新修繕工事の際にトラ23000形に形式変更したもので、写真の車両はトラ20252から改番されている。なおトラ23000形では番号の標記が左アオリ戸に移動したが、これはトラ35000形に倣ったものである。
1959.5　大宮
P：伊藤威信

写真4-16
トラ23000形23222
こちらはトム恒久改造車の例でトラ20454を更新修繕時に改番した。
アオリ戸と妻構には幅120mmの木板を追加(左右のアオリ戸では位置が相違)して嵩上げされ、アオリ戸ヒンジの位置も高く改造されている。　P：鈴木靖人

上巻のおわりに

本書と次号は、レイルマガジンに連載した「貨車研究室」から無蓋車に関する解説をまとめたものである。

写真や図表は原則として連載当時のものを用いたため、既出のものも多いが何卒ご容赦頂きたい。

本書をまとめるに当り、写真では植松昌・堀井純一、車歴調査では矢嶋亨・筒井俊之の各氏にご協力頂いた。

また以下の方々からは貴重な資料と写真をご提供頂いた。末筆ながら御礼を申し上げる次第である。

阿部貴幸、伊藤昭、伊藤威信、鈴木靖人、園田正雄、高間恒雄、豊永泰太郎、堀井純一（アイウエオ順、敬称略）

吉岡心平

写真4-17　火砲を積んだトラ１形
写真1-2と同じ陸軍大演習での写真で、トラ１形に火砲を２門積んだところ。この種の積荷に対する総アオリ戸式トラの優位性と、前後アオリ戸の間に残った側柱が何とも邪魔な点が見て取れる。　P：阿部貴幸所蔵